科学计算方法基础

李庆扬 编著

清华大学出版社
北 京

内容提要

本书是为“科学计算方法”课程而编写的教材。在编写过程中力求做到：在内容上取材适中，突出重点，强调方法的构造与应用；在讲解方式上论述思路清晰，推导过程简捷，既重视理论分析，又避免过多的理论证明；在算法方面注重原理介绍，而将具体过程与数学软件 MATLAB 结合起来介绍。

书中各章均配有评注内容，除指出本章重点外，还对未涉及的内容给出参考书目，供学生进一步学习时选用。为了帮助学生巩固基本概念，掌握基本内容和方法，引导学生思考和复习并培养用数学软件解决问题的能力，各章都安排了复习与思考题、习题与实验题。

图书在版编目(CIP)数据

科学计算方法基础/李庆扬编著.—北京：清华大学出版社，2006.4 (2025.1 重印)

ISBN 978-7-302-12422-1

Ⅰ.科…　Ⅱ.李…　Ⅲ.计算方法—教材　Ⅳ.O241

中国版本图书馆 CIP 数据核字(2006)第 005699 号

责任编辑：刘　颖
责任印制：杨　艳

出版发行：清华大学出版社
网　　址：https://www.tup.com.cn，https://www.wqxuetang.com
地　　址：北京清华大学学研大厦 A 座　**邮　　编**：100084
社 总 机：010-83470000　**邮　　购**：010-62786544
投稿与读者服务：010-62776969，c-service@tup.tsinghua.edu.cn
质 量 反 馈：010-62772015，zhiliang@tup.tsinghua.edu.cn
印 装 者：三河市人民印务有限公司
经　　销：全国新华书店
开　　本：140mm×203mm　**印张**：6　**字　　数**：156 千字
版　　次：2006 年 4 月第 1 版　**印　　次**：2025 年 1 月第 11 次印刷
定　　价：18.00 元

产品编号：018897-02/O

前　言

本书是根据新世纪理工科各专业普遍需要开设“科学计算方法”课程而编写的教材，由于计算机使用的普及，利用计算机进行工程与科学计算已成为理工科学生必备的知识.“科学计算方法”介绍科学计算中最常用和最基本的数值方法，它是在“高等数学”与“线性代数”课的基础上开设的重要的数学选修课，虽然学时较少(一般在32～48学时)，但仍要求较全面地了解各类数值计算问题的算法，在满足教学大纲要求的基础上又有提高的空间. 为此，本书力求在内容上取材适中，突出重点，强调方法的构造与应用；在讲解方式上论述思路清晰，推导过程简捷，既重视理论分析，又避免过多的理论证明；至于具体算法及编程已有现成的数学软件，如MATLAB等，非常方便读者使用，故只做原则介绍.

本书各章后均有评注，除指出本章重点外，还对未涉及的内容给出参考书目，以便有需要者进一步学习。复习与思考题则是为了帮助学生巩固基本概念，掌握基本内容，引导学生多思考. 习题是为了使学生更好地复习课堂内容，掌握基本方法及其理论. 实验题需使用MATLAB软件自己编程计算，以便对数值计算有更直接的感受，也是学好本门课程的重要一环.

本书是在清华大学出版社的鼎力支持下编写的，特别是刘颖博士为本书的编辑出版付出了辛勤劳动，在此表示衷心感谢.

本人虽然写过各种不同要求的“数值分析”教材，但少学时的“科学计算方法”教材还是初次编写，不当之处希望读者批评指正.

编　者

2005 年 11 月

目录

第1章　算法引论与误差分析

1.1　计算方法对象与特点

1.1.1　什么是计算方法

计算方法是指用计算机进行科学计算使用的数值算法. 现代计算机已渗透到各个领域,成为工作和生活中不可缺少的工具,然而计算机的发明与发展主要是科学计算的推动. 目前的超级计算机,其计算速度达每秒万亿次,这也是大规模科学计算的需求刺激的结果. 计算机本质上就是进行计算,计算就必须有算法. 科学计算就是先将各种要解决的问题通过建立数学模型归结为数学问题,然后提供解决数学问题且适合于在计算机上实现的算法,它涉及数学的各个分支,内容十分广泛,形成了一个新的数学分支,称为计算数学. 作为入门的"计算方法"课只涉及计算数学中最常用、最基础的数值计算方法,它包含方程求根、线性方程组数值解法、插值与最小二乘法、数值积分与常微分方程数值解法等内容,其他数学问题的数值计算方法可在一些更专门的计算数学著作中找到,但有了本教材的基础,学习其他内容将不会很困难.

1.1.2　数学与科学计算

数学是科学之母. 科学技术离不开数学,它通过建立数学模型与数学产生紧密联系. 数学又以各种形式应用于科学技术各领域. 几十年来由于计算机及科学技术的快速发展,求解各种数学问题的数值方法即计算数学也愈来愈多地应用于科学技术各领域,新的计算性交叉学科分支纷纷兴起，如计算力学、计算物理、计算化学、计算生物、计算经济学等，统称为科学计算. 科学计算涉及数学的各分支，研究它们适合于计算机编程的数值计算方法，就是计算数学的任务，它是各种计算性学科的联系纽带和共性基础，兼有基础性、应用性和边缘性的数学学科. 计算数学作为数学科学的新分支，当然具有数学科学抽象性与严密性的特点，它面向的是数学问题本身而不是具体的物理模型，但它又是各计算学科共同的基础.

科学计算、理论研究、科学实验是现代科学发展的三种主要手段，它们相辅相成又互相独立. 科学计算是一门工具性、方法性、边缘性的学科，发展迅速. 在实际应用中所导出的数学模型其完备形式往往不能方便地求出精确解，于是只能转化为简化模型，如将复杂的非线性模型忽略一些因素而简化为线性模型，但这样做往往不能满足精度要求。因此，目前使用数值方法来直接求解较少简化的模型，可以得到满足精度要求的结果，使科学计算发挥更大作用，这正是得益于计算机与计算数学的快速发展.

1.1.3　计算方法与计算机

计算方法与计算工具发展密切相关，在电子计算机出现以前，计算工具只有算图、算表、算尺和手摇及电动计算机，计算方法只能计算规模较小的问题. 计算方法是数学的一个重要组成部分，很多计算方法都与当时著名科学家的名字相联系，如 Newton（牛顿）插值公式，方程求根的 Newton 法，解线性方程组的 Gauss（高斯）消去法. 求多项式值的秦九韶算法，此算法是我国宋代数学家秦九韶（公元 13 世纪）最先提出的. 还有我国古代数学家祖冲之（公元 5 世纪）利用“缀术”求得圆周率 $\pi\approx 3.1415926$，这是 16 世纪前最好的结果. 这都说明计算方法是数学科学的一部分，它没有形成单独的学科分支，只有在计算机出现以后，才使计算方法迅速发展并成为数学学科中一个独立分支——计算数学.

当代计算能力的大幅度提高既来自计算机的进步，也来自计算方法的进步，两者发展相辅相成又互相促进. 例如，1955 年至 1975 年的 20 年间计算机的运算速度提高数千倍，而同一时期解决一定规模的椭圆型偏微分方程计算方法的效率提高约一百万倍，说明计算方法的进步对提高计算能力更为显著. 由于计算规模的不断扩大和计算方法的发展启发了新的计算机体系结构，诞生并发展了并行计算机. 而计算机的更新换代也对计算方法提出了新的标准和要求. 自计算机诞生以来，经典的计算方法业已经历了一个重新评价、筛选、改造和创新的过程，与此同时涌现了许多新概念、新课题和能发挥计算机解题潜力的新方法，这就构成了现代意义下的计算数学.

1.1.4 数值问题与算法

能用计算机计算的"数值问题"是指输入数据(即问题中的自变量与原始数据)与输出数据(结果)之间函数关系的一个确定而无歧义的描述，输入输出数据可用有限维向量表示. 根据这种定义，"数学问题"有的是"数值问题"，如线性方程组求解，也有不是"数值问题"的，如常微分方程$\frac{\mathrm{d}y}{\mathrm{d}x}=x^2+y^2$，$y(0)=0$，它不是数值问题，因为输出不是数据而是连续函数 $y=y(x)$. 但只要将连续问题离散化，使输出数据是 $y(x)$ 在求解区间$[a,b]$上的离散点 $x_i=a+ih(i=1,2,\cdots,n)$上的近似值，就是"数值问题"，它可用各种数值方法求解，这些数值方法就是算法. 计算方法就是研究各种"数值问题"的算法.

计算的基本单位称为算法元，它由算子、输入元和输出元组成. 算子可以是简单操作，如算术运算(+，−，×，/)、逻辑运算，也可以是宏操作如向量运算、数组传输、基本初等函数求值等；输入元和输出元可分别视为若干变量或向量.由一个或多个算法元组成一个进程,它是算法元的有限序列,一个数值问题的算法是指按规定顺序执行一个或多个完整的进程.通过它们将输入元变换成一个输出元.面向计算机的算法可分为串行算法和并行算法两类,只有一个进程的算法适合于串行计算机,称为串行算法.两个以上进程的算法适合于并行计算机,称为并行算法.对于一个给定的数值问题可以有许多不同的算法,它们都能给出近似答案,但所需的计算量和得到的精度可能相差很大.一个面向计算机,有可靠理论分析且计算复杂性好的算法就是一个好算法.理论分析主要是连续系统的离散化及离散型方程的数值问题求解,它包括误差分析、稳定性、收敛性等基本概念,它刻画了算法的可靠性、准确性.计算复杂性包含时间复杂性与空间复杂性两方面.在同一规模、同一精度条件下,计算时间少的算法为时间复杂性好,而占用内存空间少的算法为空间复杂性好,它实际上就是算法中计算量与存储量的分析.对解同一问题的不同算法其计算复杂性可能差别很大,例如解 n 阶的线性方程组,若依照 Cramer(克拉默)法则用行列式解法要算 $n+1$ 个 n 阶行列式值,对 $n=20$ 的方程组就需要 9.7×10^{21} 次乘除法运算,若用每秒亿次的计算机也要算 30 万年,这是无法实现的,若用 Gauss 列主元消去法(见本书第 3 章)则只需做 3060 次乘除运算.且 n 愈大相差就愈大,这表明算法研究的重要性,也说明只提高计算机速度,而不改进和选用好的算法是不行的.

1.2 数值计算的算法设计与技巧

1.2.1 多项式求值的秦九韶算法

多项式求值只用乘法和加法运算,适合在计算机上计算,用多项式逼近连续函数也是函数计算的基本方法之一,因此多项式求值作为计算机中的一个宏操作是经常被使用的.

设给定多项式

$$p(x) = a_0x^n + a_1x^{n-1} + \cdots + a_{n-1}x + a_n = \sum_{i=0}^{n} a_i x^{n-i}, \tag{1.2.1}$$

求 x 处的值 $p(x)$，每一项 a_ix^{n-i} 要做 $n-i$ 次乘法，如逐项计算再累加，共需乘法次数为

$$S = \sum_{i=0}^{n}(n-i) = 1+2+\cdots+n = \frac{n(n+1)}{2} = O(n^2)$$

次，加法运算次数为 n 次. 若将 $p(x)$ 改为

$$p(x) = ((a_0x + a_1)x + \cdots + a_{n-1})x + a_n,$$

可表示为

$$b_0 = a_0, \quad b_1 = b_0x + a_1,$$

$$b_i = b_{i-1}x + a_i, \quad i = 1,2,\cdots,n, \tag{1.2.2}$$

则 $b_n = p(x)$ 即为所求，称(1.2.2)式为秦九韶算法，它只用 n 次乘法和 n 次加法，且只需用 $n+2$ 个存储单元，乘法次数由 $O(n^2)$ 降为 $O(n)$，这是计算多项式值复杂性最好的算法. 秦九韶是我国南宋数学家，他于 1247 年提出此算法. 国外称此算法为 Hornor 算法，是 1819 年才给出的，比秦九韶算法晚了 500 多年。

减少乘除法运算次数是算法设计中十分重要的问题，在信号处理中广泛使用的离散 Fourier 变换(DFT)，由于计算量太大无法使用，直至 20 世纪 60 年代提出了快速 Fourier 变换(FFT)才使计算成为可能，这是快速计算的典型范例.

1.2.2 迭代法与开方求值

迭代法是一种逐次逼近真值的算法，是计算方法中普遍使用的重要算法. 以开方运算为例，它不是四则运算，在计算机中计算开方用的就是迭代法.

假定 $a>0$,求$\sqrt{a}$等价于解方程

$$x^2 - a = 0. \tag{1.2.3}$$

这是方程求根问题,可用迭代法求解(见本书第 2 章).现在用简单方法构造迭代法,先给一个初始近似 $x_0>0$,令 $x=x_0+\Delta x$,Δx 是一个校正量,称为增量,于是(1.2.3)式化为

$$(x_0+\Delta x)^2 = a,\quad 即\quad x_0^2+2x_0\Delta x+(\Delta x)^2 = a^2.$$

由于 Δx 是小量,若省略高阶项$(\Delta x)^2$,则得

$$x_0^2+2x_0\Delta x \approx a,\quad 即\quad \Delta x \approx \frac{1}{2}\left(\frac{a}{x_0}-x_0\right).$$

于是

$$x = x_0+\Delta x \approx \frac{1}{2}\left(x_0+\frac{a}{x_0}\right) = x_1.$$

这里 x_1 不是$\sqrt{a}$的真值,但它是真值 $x=\sqrt{a}$的进一步近似,重复以上过程可得到迭代公式

$$x_{k+1} = \frac{1}{2}\left(x_k+\frac{a}{x_k}\right),\quad k=0,1,2,\cdots, \tag{1.2.4}$$

它可逐次求得 $x_1,x_2,\cdots$,若

$$\lim_{k\to\infty} x_k = x^*,$$

则 $x^*=\sqrt{a}$,容易证明序列$\{x_k\}$对任何 $x_0>0$ 均收敛,且收敛很快.

例 1.1　用迭代法(1.2.4)求$\sqrt{3}$,取 $x_0=2$.

解　若计算精确到 10^{-6},由(1.2.4)式可求得

$$x_1 = 1.75,\quad x_2 = 1.73214,$$

$$x_3 = 1.732051,\quad x_4 = 1.732051$$

计算停止.由于$\sqrt{3}=1.7320508\cdots$,可知只要迭代 3 次误差即小于 $\frac{1}{2}\times 10^{-6}$.

迭代法(1.2.4)每次迭代只做一次除法一次加法与一次移位(右移一位就是除以 2).计算量很小,计算机中求$\sqrt{a}$一般只要精度

达到 10^{-8} 即可，迭代次数很少，目前计算机（含计算器）中计算 $\sqrt{a}$ 用的就是迭代法(1.2.4).

1.2.3 以直代曲与化整为零

圆周率 π 的计算是古代数学一个光辉成就，早在公元前 3 世纪阿基米德用内接与外切正 96 边形近似圆，求得 $\pi\approx3.14$. 圆是曲边图形、圆面积的计算是数学方法上以直代曲的典范，公元 3 世纪我国魏晋时期大数学家刘徽（早祖冲之二百多年）用“割圆术”求得 $\pi\approx3.1416$，他不是将正多边形固定在一个数目上，而是从 6 等分做起，逐次二分各弧段，做 k 次后将圆周分割为 6×2^k 个小扇形，然后以弦代弧，用直线段代替小扇形的曲边，用小三角形面积代替曲边小扇形面积（如图 1.1 所示），再求和就得圆面积 $S=\pi r^2$ 的近似值 $\overline{S}$，从而可求得 $\pi\approx\dfrac{\overline{S}}{r^2}$. 显然，分割次数越多，结果越准确. “割圆术”中提出“割之又割”，直至无穷，最终以内接正 6×2^k 边形面积的极限求得圆面积 S，这与 17 世纪发明微积分的思想极其相似！但数值计算不取极限，只是采用以直代曲和化整为零求和的思想. 通常将非线性问题线性化，在几何图形上就是以直代曲. 例如求函数方程 $f(x)=0$ 的根，在几何上 $y=f(x)$ 是平面上的一条曲线，它与 x 轴交点的横坐标即为方程的根 x^*，假如已给出一个近似根 x_k，用该点 $(x_k, f(x_k))$ 上的切线逼近该曲线，令 x_{k+1} 为该切线与 x 轴交点的横坐标，一般情况下 x_{k+1} 近似方程的根 x^* 比 x_k 近似 x^* 要好（如图 1.2）. 上述以直代曲相当于用切线方程

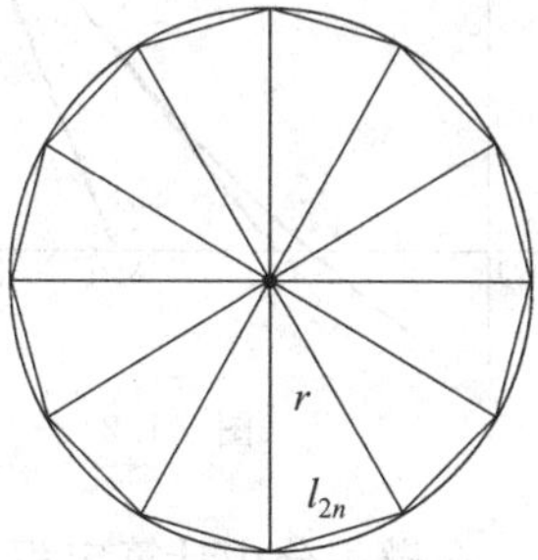

图 1.1

$$y=f(x_k)+f'(x_k)(x-x_k)=0$$

的根 x_{k+1} 近似 x^*,从而

$$x_{k+1} = x_k - \frac{f(x_k)}{f'(x_k)}, \quad k = 0,1,2,\cdots \qquad (1.2.5)$$

这就是方程求根的 Newton(牛顿)迭代法(见第 2 章),它是以直代曲建立迭代序列的典型例子.

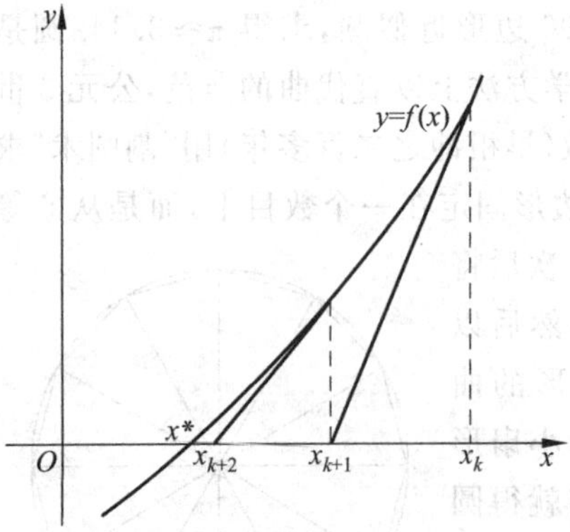

图　1.2

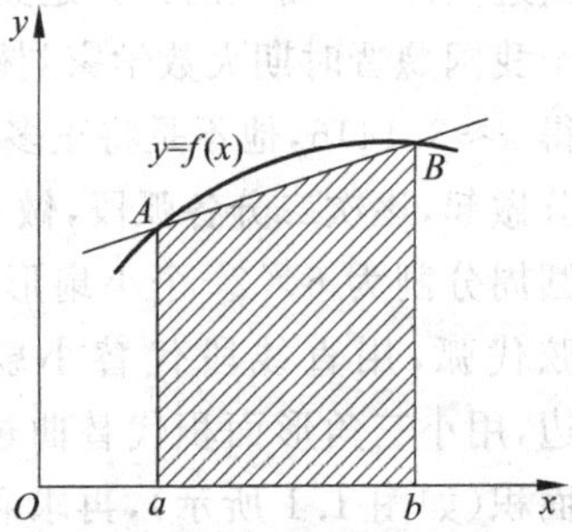

图　1.3

在微积分中计算定积分

$$I(f) = \int_a^b f(x)\mathrm{d}x$$

的梯形公式

$$I(f) \approx \frac{b-a}{2}[f(a)+f(b)] = T_1, \qquad (1.2.6)$$

它是通过曲线 $y=f(x)$ 上两点 $A(a,f(a))$ 及 $B(b,f(b))$ 的直线(弦)近似曲线的弧,用梯形面积近似曲边梯形面积(如图 1.3),这也是以直代曲.为提高计算精度仍然采用化整为零,将 $[a,b]$ 分割为小区间 $a=x_0<x_1<\cdots<x_n=b$,

$$x_i = a + ih, \quad h = \frac{b-a}{n}.$$

在每个小区间 $[x_{i-1},x_i]$ $(i=1,2,\cdots,n)$ 上用梯形法计算,再求和

得到

$$I(f) \approx \sum_{i=1}^{n} \frac{h}{2}[f(x_{i-1}) + f(x_i)] = T_n, \qquad (1.2.7)$$

称为复合梯形公式，显然$\lim\limits_{n\to\infty} T_n = I(f)$. 只要取足够大的 n 就可得到满足精度要求的积分值 $I(f)$.

1.2.4 加权平均的松弛技术

刘徽用“割圆术”求得 $\pi=3.1416$，如果单纯用“割圆”计算相当于割到 3072 边形，计算量是惊人的！在古代没有计算工具只用手算是十分困难的. 但他不是单纯采用“割圆”计算，而是利用了现代计算方法中的松弛技术，令内接正 n 边形面积 S_n 近似圆面积 S，取半径 $r=10$，计算出

$$S_{96} = 313\,\frac{584}{625}, \quad S_{192} = 314\,\frac{64}{625},$$

用松弛法，令 $\bar{S}=S_{192}+\omega(S_{192}-S_{96})$， ω 为松弛参数.

若取 $\omega=\dfrac{36}{105}$，则得

$$\bar{S} = 314\,\frac{64}{625} + \frac{36}{105}\left(314\,\frac{64}{625} - 313\,\frac{584}{625}\right) = 314\,\frac{4}{25} = 314.16,$$

于是

$$\pi = \frac{\bar{S}}{r^2} = \frac{314.16}{100} = 3.1416.$$

$\bar{S}$ 与 $S_{3072}=314.1590$ 近似，但计算量却大大节省. 松弛技术是计算方法中一种提高收敛速度的有效方法，设量 $x=x^*$ 为精确值，x_0 与 x_1 为 x^* 的两个近似值，其加权平均为

$$\bar{x} = (1-\omega)x_0 + \omega x_1 = x_0 + \omega(x_1 - x_0),$$

其中 $\omega>0$ 为权系数，称为松弛参数，当 $\omega=1$ 时 $\bar{x}=x_1$，适当选择 ω 可使 $\bar{x}$ 比 x_1 更近似精确值 x^*. 如何选 ω 值使 $\bar{x}$ 最好地逼近 x^* 是很难的，但刘徽在“割圆术”中却找到了一个很好的松弛参数，即在

$$\bar{S} = (1+\omega)S_{192} - \omega S_{92} = S_{192} + \omega(S_{192} - S_{92})$$

中取 $\omega=\frac{36}{105}$，这是一个最优的选择.

又如在积分近似计算的梯形公式(1.2.7)中，取 $n=1,2$，则有

$$T_1 = \frac{b-a}{2}[f(a)+f(b)], \quad T_2 = \frac{b-a}{4}[f(a)+2f(c)+f(b)],$$

其中 $c=\frac{a+b}{2}$. 若用松弛技术，令

$$S_1 = (1+\omega)T_2 - \omega T_1 = T_2 + \omega(T_2 - T_1),$$

若取 $\omega=\frac{1}{3}$，则

$$S_1 = \frac{4}{3}T_2 - \frac{1}{3}T_1 = \frac{b-a}{6}[f(a)+4f(c)+f(b)]. \tag{1.2.8}$$

此式是求积分的 Simpson 公式(在微积分中已学过)，是用抛物线近似曲线 $y=f(x)$ 得到的积分近似，比梯形公式更精确. 它表明松弛技术在提高数值计算精度中作用很大，在迭代法中使用松弛技术同样可以加速收敛.

1.3　数值计算的误差分析

1.3.1　误差与有效数字

在数值计算中误差分析是十分重要的，将数学问题转化为数值计算问题产生的误差称为截断误差或方法误差，例如函数 $f(x)$ 在 x_0 点的导数定义为

$$f'(x_0) = \lim_{h\to 0} \frac{f(x_0+h)-f(x_0)}{h}.$$

在计算机上计算 $f'(x_0)$ 无法取极限，可用算法

$$f'(x_0) \approx \frac{f(x_0+h)-f(x_0)}{h}. \tag{1.3.1}$$

这里 $h>0$,称为步长.不管 h 取何值,计算结果都有误差,由 Taylor 公式有

$$f(x_0+h)=f(x_0)+hf'(x_0)+\frac{h^2}{2}f''(x_0)+O(h^3),$$

由此

$$\frac{f(x_0+h)-f(x_0)}{h}=f'(x_0)+\frac{h}{2}f''(x_0)+O(h^2).$$

(1.3.1)式是用上式左端近似 $f'(x_0)$,其误差

$$T_1=\frac{h}{2}f''(x_0)+O(h^2), \tag{1.3.2}$$

称为(1.3.1)式的截断误差,显然 h 越小,$|T_1|$ 越小,即截断误差越小,它是算法中用有限过程近似代替无限的极限过程得到的.只要数学问题是一个连续系统,其离散化过程就是将无限的极限过程用有限过程替代,从而产生截断误差.

数值计算中由于原始数据、计算过程的数据、计算结果都是有限位,超过规定位数的数用四舍五入规则写成有限位数字,如 $\frac{1}{3}\approx 0.3333$,$\pi\approx 3.1416$ 等都会产生误差,这种误差称为舍入误差.科学计算中的舍入误差,在算法中的传播及最终对计算结果的影响是一个看似简单,其实是很复杂的问题.在大规模科学计算中至今尚无有效的方法对舍入误差做定量估计,所以对舍入误差更着重定性分析,能否正确分析舍入误差也是具有科学计算能力的重要标志.

下面先介绍有关误差及有效数字的基本概念.

定义 1.1 设准确值 x 的近似值为 x^*,则 $\varepsilon=x-x^*$ 称为近似值 x^* 的绝对误差,简称误差,$\varepsilon_r=\frac{\varepsilon}{x}$ 称为近似值 x^* 的相对误差.

绝对误差可正可负,一般来讲 ε 的准确值很难求出,往往只能

求$|\varepsilon|$的一个上界δ，即$|\varepsilon|=|x-x^*|\leqslant\delta(x^*)$，称为$x^*$的误差限.当$x=0$时相对误差$\varepsilon_r$没有意义，且准确值$x$往往未知，故常用$\frac{x-x^*}{x^*}$作为相对误差，而称$\delta_r(x^*)=\frac{\delta(x^*)}{|x^*|}$为相对误差限.

例1.2　已知$\pi=3.1415926\cdots$，若取近似数为$x^*=3.14$，则$\varepsilon=\pi-x^*=0.0015926\cdots$，$|\varepsilon|\leqslant0.002=\delta(x^*)$为$x^*$的误差限，而相对误差限$\delta_r(x^*)=\frac{\delta(x^*)}{3.14}<0.007$.

通常在x有多位数字时，若取前有限位数的数字作为近似值，都采用四舍五入原则，例如，$x=\pi$取3位，$x^*=3.14$，$\varepsilon\leqslant0.002$；取5位，$x^*=3.1416$，$\varepsilon\leqslant0.00001$，它们的误差限都不超过近似数$x^*$末位数的半个单位，即

$$|\pi-3.14|\leqslant\frac{1}{2}\times10^{-2},\quad|\pi-3.1416|\leqslant\frac{1}{2}\times10^{-4}.$$

定义1.2　设x^*是x的一个近似数，表示为

$$x^*=\pm10^k\times0.a_1a_2\cdots a_n,\tag{1.3.3}$$

其中每个$a_i(i=1,2,\cdots,n)$均为$0,1,\cdots,9$中的一个数字，且$a_1\neq0$.如果$|x-x^*|\leqslant\frac{1}{2}\times10^{k-n}$，则称$x^*$近似$x$有$n$位有效数字.

例如，用3.14近似π有3位有效数字，用3.1416近似π有5位有效数字.

显然，近似数的有效位数越多，相对误差限就越小，反之也对.如果x^*具有n位有效数字，则其相对误差限为

$$\frac{|x-x^*|}{|x^*|}\leqslant\delta_r(x^*)\leqslant\frac{1}{2a_1}\times10^{-(n-1)}.\tag{1.3.4}$$

例1.3　下列近似数有几位有效数字？其相对误差限是多少？

(1) $x=\mathrm{e}\approx2.71828=x^*$；(2) $x=0.030021\approx0.0300=x^*$.

解　(1) 由$|\mathrm{e}-2.71828|\leqslant\frac{1}{2}\times10^{-5}$，因$k=1$，故$n=6$，有6

位有效数字. 因 $a_1=2$,相对误差限 $\delta_r(x^*)\leqslant\frac{1}{4}\times10^{-5}$.

(2) $|x-0.0300|\leqslant\frac{1}{2}\times10^{-4}$,因 $k=-1$,故 $n=3$,即有 3 位有效数字,由 $a_1=3$ 知 $\delta_r(x^*)\leqslant\frac{1}{6}\times10^{-2}$.

1.3.2 函数求值的误差估计

设一元函数 $f(x)$具有二阶导数,自变量 x 的一个近似值为 x^*,$f(x)$的近似值为 $f(x^*)$,用 $f(x)$在 x^* 点的 Taylor 展开估计误差,可得

$$|f(x)-f(x^*)|\leqslant|f'(x^*)(x-x^*)|+\frac{1}{2}|f''(\xi)(x-x^*)^2|,$$

其中 ξ 在 x 与 x^* 之间,如果 $f'(x^*)\neq0$,$|f''(\xi)|$与$|f'(x^*)|$有相同数量级,而 $\delta(x^*)\geqslant|x-x^*|$很小,则可得

$$\delta f(x^*)\approx|f'(x^*)|\delta(x^*),\quad \delta_r f(x^*)\approx\left|\frac{f'(x^*)}{f(x^*)}\right|\delta(x^*),\tag{1.3.5}$$

它们分别为 $f(x^*)$的一个近似误差限与相对误差限.

若 $\max\limits_{|x-x^*|\leqslant\delta(x^*)}|f'(x)|\leqslant M_1$,则

$$\delta f(x^*)\leqslant M_1\delta(x^*),\quad \delta_r f(x^*)\leqslant\frac{\delta f(x^*)}{f(x^*)}.\tag{1.3.6}$$

对两个数 x_1 及 x_2 的近似数 x_1^* 及 x_2^* 的四则运算误差限,则有以下结果:

$$\delta(x_1^*\pm x_2^*)=\delta(x_1^*)+\delta(x_2^*);$$

$$\delta(x_1^*x_2^*)=|x_1^*|\delta(x_2^*)+|x_2^*|\delta(x_1^*);$$

$$\delta\left(\frac{x_1^*}{x_2^*}\right)=\frac{|x_1^*|\delta(x_2^*)+|x_2^*|\delta(x_1^*)}{|x_2^*|^2},\quad x_2^*\neq0.$$

如果 f 为多元函数,自变量为 $x_1,x_2,\cdots,x_n$,其近似值为 x_1^*,

$x_2^*,\cdots,x_n^*$,则类似于一元函数可用多元函数 $f(x_1,x_2,\cdots,x_n)$ 的 Taylor 展开,取一阶近似得误差限

$$\delta f(x_1^*,x_2^*,\cdots,x_n^*) \approx \sum_{i=1}^{n} \left| \frac{\partial f(x_1^*,x_2^*,\cdots,x_n^*)}{\partial x_i} \right| \delta(x_i^*) \tag{1.3.7}$$

及相对误差限

$$\delta_r f(x_1^*,x_2^*,\cdots,x_n^*) \approx \sum_{i=1}^{n} \left| \frac{\partial f(x_1^*,x_2^*,\cdots,x_n^*)}{\partial x_i} \right| \frac{\delta(x_i^*)}{|f(x_1^*,x_2^*,\cdots,x_n^*)|}. \tag{1.3.8}$$

1.3.3 误差分析与算法的数值稳定性

上面给出的误差估计方法只适用于运算次数少的简单情形,对于大规模数值计算,由于原始数据有误差,每步运算又会产生新的舍入误差并传播前面数据的误差,且误差有正有负,都按上界估计是不合理的,按步分析是办不到的. 目前已经提出的误差分析方法有向前误差分析方法与向后误差分析方法,区间分析法及概率分析法,但在实际误差估计中均不可行. 不能定量地估计误差,因此数值计算中更着重误差的定性分析,也就是算法的稳定性分析,先考察例题.

例 1.4 计算积分序列

$$I_n = \int_0^1 x^n e^{x-1} dx, \quad n = 0,1,2,\cdots.$$

当 $n=0$ 时,有 $I_0 = \int_0^1 e^{x-1} dx = 1 - e^{-1}$. 对 $n \geqslant 1$ 用分部积分法可得

$$I_n = \int_0^1 x^n e^{x-1} dx = x^n e^{x-1} \Big|_0^1 - \int_0^1 n x^{n-1} e^{x-1} dx, \quad n = 1,2,\cdots,$$

即

$$I_n = 1 - nI_{n-1}, \quad n = 1,2,\cdots. \tag{1.3.9}$$

若计算 I_0 时，取 $e^{-1}\approx 0.3679$（即取 4 位有效数字），再由算法(1.3.9)依次计算 $I_1, I_2, \cdots$.

由于 $I_0=1-e^{-1}\approx 0.6321=I_0^*$，故有误差 $\varepsilon_0=I_0-I_0^*$，且 $|\varepsilon_0|\leqslant\frac{1}{2}\times 10^{-4}$，由(1.3.9)式取初值为 I_0^*，

$$I_n^* = 1-nI_{n-1}^*, \quad n=1,2,\cdots$$

结果如下：

$$I_1^* = 0.3679, \quad I_2^* = 0.2642, \quad I_3^* = 0.2074,$$
$$I_4^* = 0.1704, \quad I_5^* = 0.1480, \quad I_6^* = 0.1120,$$
$$I_7^* = 0.2160, \quad I_8^* = -0.7280, \cdots$$

由于 $I_n>0$，而 $I_8^*<0$，这显然是不正确的，实际上，$\varepsilon_n=I_n-I_n^*=-n(I_{n-1}-I_{n-1}^*)=(-n)\varepsilon_{n-1}=\cdots=(-1)^n n!\varepsilon_0$. 当 n 增大时，误差 $|\varepsilon_n|$ 也是递增的，$|\varepsilon_8|=8!|\varepsilon_0|$，它表明尽管 $|\varepsilon_0|$ 很小，但当 n 增加时，$|\varepsilon_n|=n!|\varepsilon_0|$ 递增. 因此称算法(1.3.9)是不稳定的.

若将(1.3.9)式变形，改为

$$I_{n-1}=\frac{1}{n}(1-I_n), \quad n=N,N-1,\cdots,2,1. \tag{1.3.10}$$

由于 $\frac{1}{n+1}e^{-1}\leqslant I_n\leqslant\frac{1}{n+1}$，取 $I_n\approx\frac{1}{2}\frac{1}{n+1}(e^{-1}+1)$. 当 $n=9$，$I_9\approx\frac{1}{20}(1+e^{-1})\approx 0.0684=\tilde{I}_9$，再由(1.3.10)式计算求得 $\tilde{I}_8=0.1035$，$\cdots$，$\tilde{I}_2=0.2643$，$\tilde{I}_1=0.3679$，$\tilde{I}_0=0.3621$，此时由(1.3.10)式可得 $\tilde{\varepsilon}_{n-1}=I_{n-1}-\tilde{I}_{n-1}=-\frac{1}{n}(I_n-\tilde{I}_n)$，于是有 $|\tilde{\varepsilon}_0|=\frac{1}{n!}|\tilde{\varepsilon}_n|$，它表明误差是递减的，这时算法是稳定的.

定义 1.3 一个算法如果原始数据有误差，而计算过程舍入误差不增长，则称此算法是数值稳定的，否则，若误差增长，则称算法是不稳定的.

不稳定的算法是不能使用的.

1.3.4　病态问题与条件数

一个算法有稳定与不稳定之分，而数值问题本身也有好坏之分. 如果问题敏感依赖于误差就是坏问题，也称为病态问题，它是指输入数据的微小误差引起解的误差很大.

例 1.5　求解线性方程组

$$\begin{cases} x+\alpha y=1, \\ \alpha x+y=0. \end{cases} \tag{1.3.11}$$

解　当 $\alpha=1$ 时，系数矩阵奇异，方程无解，但当 $\alpha\neq1$ 时，解为 $x=\dfrac{1}{1-\alpha^2}$，$y=-\dfrac{\alpha}{1-\alpha^2}$，当 $\alpha\approx1$ 时，若输入数据 α 有微小扰动(误差)，则解的误差很大，若取 $\alpha=0.99$ 解 $x\approx50.25$，如果 α 有误差 0.001，记 $\alpha^*=0.991$，则相应解 $x^*\approx55.81$，误差限 $|x-x^*|\approx5.56$，很大，此时线性方程组(1.3.11)就是病态的(病态方程组在第 3 章还将进一步讨论). 这里可将解看成系数 α 的函数，考察解 x 关于 α 扰动是否敏感，只需研究它关于 α 导数的大小，$\left|\dfrac{\mathrm{d}x}{\mathrm{d}\alpha}\right|$ 的值大，x 关于 α 就是敏感的. 反之不敏感. 此处

$$\frac{\mathrm{d}x}{\mathrm{d}\alpha}=-\frac{2\alpha}{(1-\alpha^2)^2}.$$

显然，当 $\alpha=0.99$ 时，$\left|\dfrac{\mathrm{d}\alpha}{\mathrm{d}x}\right|\approx5000$ 是很大的. 所以方程组(1.3.11)在 $\alpha\approx1$ 时是严重病态的.

一般情况，计算函数值 $f(x)$，若 x 有误差 Δx，其相对误差 $\dfrac{\Delta x}{x}$，函数值 $f(x)$ 的相对误差 $\dfrac{f(x+\Delta x)-f(x)}{f(x)}$，记

$$c_p=\lim_{\Delta x\to0}\left|\frac{[f(x+\Delta x)-f(x)]/f(x)}{\Delta x/x}\right|=\left|\frac{xf'(x)}{f(x)}\right|, \tag{1.3.12}$$

称为计算函数值 $f(x)$ 的条件数. 如果 c_p 的值很大就表明计算 $f(x)$ 的误差敏感依赖于 x,它就是病态的. 例如 $f(x)=x^n$,$f'(x)=nx^{n-1}$,则 $c_p=n$,它表示计算 $f(x)$ 相对误差比自变量相对误差放大 n 倍,如 $n=10$,有 $f(1)=1$,$f(1.02)=1.24$,它表明自变量的相对误差为 2%,而计算 $f(1.02)$ 的相对误差为 24%. 现对例 1.5 中的 $x=\frac{1}{1-\alpha^2}$ 应用(1.3.12)式计算 c_p,得

$$c_p=\left|\frac{\alpha x'(\alpha)}{x(\alpha)}\right|=\left|\frac{2\alpha^2}{1-\alpha^2}\right|.$$

当 $\alpha=0.99$ 时,$c_p\approx 100$. 表明条件数很大,问题是病态的. 通常条件数大于等于 10 就认为问题是病态的. 不同病态问题要通过研究特殊的算法解决.

1.3.5 避免误差危害的若干原则

数值计算中首先要分清问题是否病态和算法是否稳定,计算时还应尽量避免误差危害,防止有效数字的损失,下面给出运算中应注意的若干原则:

(1) 避免用绝对值很小的数做除数.

(2) 避免两个相近数相减,以免有效数字损失.

(3) 注意运算次序,防止"大数"吃"小数",如多个数相加减,应按绝对值由小到大的次序运算.

(4) 化简计算步骤,尽量减少运算次数.

例 1.6 求 $x^2-16x+1=0$ 的小正根.

解 $x_1=8+\sqrt{63}$,$x_2=8-\sqrt{63}\approx 8-7.94=0.06$ 只有一位有效数字,若改用

$$x_2=8-\sqrt{63}=\frac{1}{8+\sqrt{63}}\approx 0.0627,$$

则具有 3 位有效数字.

例 1.7　求 $a=1-\cos 2^{\circ}\approx 1-0.9994=0.0006$ 只有一位有效数字.若改用

$$1-\cos 2^{\circ}=\frac{(\sin 2^{\circ})^{2}}{1+\cos 2^{\circ}}\approx\frac{(0.03490)^{2}}{1.9994}\approx 6.092\times 10^{-4},$$

有4位有效数字.

评　注

本章1.1节是计算方法的综述,简要介绍计算数学研究的对象与内容,以及它与数学、计算机和其他学科的关系,了解了它的特点及地位.1.2节通过例子对数值计算的算法设计原理及技巧做了概括,它包含删繁就简的以直代曲,化整为零及化难为易的迭代技术和加权平均的松弛技术,这些都将渗透于本教材各具体算法设计过程中,值得读者重视.关于误差分析这里只简单介绍基本概念,更详细的内容可参见文献[2].至于舍入误差估计,由于没有行之有效的方法,因此本书着重强调误差的定性分析,即对问题是否病态和算法的稳定性的分析,它是保证计算结果正确的前提,也将贯穿于后续各章算法的分析中.至于方法的截断误差将结合具体算法来讨论.

复习与思考题

1. 什么是计算数学？它与数学科学和计算机的关系如何？

2. 何谓算法？如何判断数值算法的优劣？

3. 什么是迭代法？试利用 $x^3-a=0$ 的根 $x^*=\sqrt[3]{a}$,构造计算$\sqrt[3]{a}$的迭代法.

4. 什么是绝对误差与相对误差？什么是一个近似数的有效数字？它们之间有何关系？

5. 什么是算法的稳定性？如何判断算法稳定？为什么不稳定算法不能

使用？

6. 判断下列命题的正确性：

(1) 一个病态问题是与它的算法有关的.

(2) 无论问题是否病态，只要算法稳定都能得到好的近似值.

(3) 用一个稳定的算法计算良态问题一定会得到好的近似值.

(4) 用一个收敛的迭代法计算良态问题一定会得到好的近似值.

(5) 两个相近数相减必然会使有效数字损失.

(6) 在计算机上将 1000 个数量级不同的数相加，不管次序如何，结果都是一样的.

习　题

1. 试写出计算多项式 $p(x)=3x^5-2x^3+x+7$ 的秦九韶算法.

2. 用迭代法 $x_{k+1}=\dfrac{1}{1+x_k}(k=0,1,2,\cdots)$ 求方程 $x^2+x-1=0$ 的正根 $x^*=\dfrac{-1+\sqrt{5}}{2}$，取 $x_0=1$，计算到 x_5，问 x_5 有几位有效数字.

3. 用不同的方法计算积分 $\int_0^{1/2}\mathrm{e}^x\mathrm{d}x$.

(1) 用原函数计算到 6 位小数.

(2) 用复合梯形公式(1.2.7)，取步长 $h=\dfrac{1}{4}$.

(3) 利用 T_1 及 T_2 的组合公式(1.2.8)求 S_1.

4. 下列各数都是经过四舍五入得到的近似数，试指出它们有几位有效数字，并给出其误差限与相对误差限.

$x_1^*=1.1021$，　$x_2^*=0.031$，　$x_3^*=560.40$.

5. 序列 $\{y_n\}$ 满足递推关系 $y_n=10y_{n-1}-1, n=1,2,\cdots$，若 $y_0=\sqrt{2}\approx 1.41$，计算到 y_{10} 时，误差有多大？这个计算稳定吗？

6. 设 $y_0=28$，按递推公式

$$y_n=y_{n-1}-\frac{1}{100}\sqrt{783},\quad n=1,2,\cdots$$

计算到 y_{100}，若取 $\sqrt{783}\approx 27.982$(5 位有效数字)，试问 y_{100} 将有多大误差？

7. 求方程 $x^2-56x+1=0$ 的两个根.要求它的两根都具有至少 4 位有效数字.($\sqrt{783}\approx 27.982$)

8. 计算 $x=(\sqrt{2}-1)^6$,取$\sqrt{2}\approx 1.41$,直接计算 x 与利用下面等式

$$\frac{1}{(\sqrt{2}+1)^6},\quad (3-2\sqrt{2})^3,\quad \frac{1}{(3+2\sqrt{2})^3},\quad 99-70\sqrt{2}$$

计算相比,哪一个最好?

9. 试导出计算积分 $I_n=\int_0^1 \frac{x^n}{4x+1}\mathrm{d}x$ 的一个递推公式,并讨论所得公式是否计算稳定.

第 2 章　方程求根的迭代法

2.1　方程求根与二分法

2.1.1　方程求根与根的隔离

考虑单个变量的函数方程

$$f(x)=0. \tag{2.1.1}$$

求根是数值计算经常遇到的问题，当 $f(x)$ 是一般的连续函数时称为超越方程. 如果 $f(x)$ 为多项式，即

$$f(x)=p(x)=a_0x^n+a_1x^{n-1}+\cdots+a_{n-1}x+a_n, \tag{2.1.2}$$

若 $a_0\neq 0$，$p(x)$ 为 n 次多项式. 此时方程 $p(x)=0$ 称为代数(或多项式)方程. 满足 $f(x^*)=0$ 的值 x^* 称为方程(2.1.1)的根. 又称为函数 $f(x)$ 的零点，如果 $f(x)$ 可分解为

$$f(x)=(x-x^*)^m g(x), \tag{2.1.3}$$

其中 m 为正整数且 $g(x^*)\neq 0$，$m>1$ 时称 x^* 为方程(2.1.1)的 m 重根或称 x^* 为 f 的 m 重零点，$m=1$ 时 x^* 称为方程(2.1.1)的单根. 若 x^* 是 $f(x)$ 的 m 重零点，且 $g(x)$ 充分光滑，则

$$f(x^*)=f'(x^*)=\cdots=f^{(m-1)}(x^*)=0.$$

方程求根首先要解决根是否存在的问题，如果 $f(x)$ 是由(2.1.2)式表示的代数多项式，则由代数基本定理可知，在复数域内方程(2.1.1)有 n 个根(含复根，m 重根为 m 个根). 对 $n\leqslant 4$ 的代数方程可用公式将根表示出来，但除 $n=2$ 时可直接用公式计算根外，$n\geqslant 3$ 时的代数方程求根均与超越方程一样采用迭代方法来

求根(本书不讨论针对代数方程求根的方法及理论),对一般函数方程,若 $f(x)$ 在区间 $[a,b]$ 上连续,且 $f(a)f(b)<0$,则依据微积分中的介值定理知,方程(2.1.1)在 $[a,b]$ 上至少有一个实根,$[a,b]$ 称为有根区间.

在根存在的前提下,求方程的根通常采用逐次逼近思想构造的迭代方法,这类方法产生一个序列 $x_0,x_1,\cdots$,使它收敛于方程的根 x^*.为此要先找到有根区间 $[a,b]$ 或根 x^* 的初始值 x_0,这就是根的隔离问题,通常可用逐次搜索法求有根区间,具体做法可从 $x_0=a$ 出发,取步长 $h=\frac{b-a}{n}$(n 为正整数),令 $x_k=a+kh(k=0,1,\cdots,n)$,从左到右检查 $f(x_k)$ 的符号,如发现 $f(x_k)$ 与 $f(x_{k-1})$ 异号,则得一个有根区间 $[x_{k-1},x_k]$,其宽度为 h,再检查下去,只要发现相邻两点函数值异号,则可得一个缩小的有根区间.

例 2.1　求方程 $f(x)=x^3-11.1x^2+38.8x-41.77=0$ 的有根区间.

解　根据有根区间定义,对方程的根进行搜索计算,结果如下表:

x	0	1	2	3	4	5	6
$f(x)$符号	−	−	+	+	−	−	+

方程的3个有根区间为 $[1,2]$,$[3,4]$,$[5,6]$.

2.1.2　二分法

设 $f(x)$ 在 $[a,b]$ 上连续,$[a,b]$ 为有根区间.取中点 $x_0=\frac{a+b}{2}$,假定 $f(a)<0,f(b)>0$,检查 $f(x_0)$ 符号,若 $f(x_0)=0$,则 x_0 就是一个根;若 $f(x_0)>0$,记 a 为 a_1,x_0 为 b_1,则得有根区间 $[a_1,b_1]$;若 $f(x_0)<0$,记 x_0 为 a_1,b 为 b_1,则得有根区间 $[a_1,b_1]$.

后两种情况都得到有根区间$[a_1,b_1]$，它的长度为原区间的一半.对$[a_1,b_1]$，令 $x_1=\dfrac{a_1+b_1}{2}$，再施以同样方法，可得新的有根区间$[a_2,b_2]$，它的长度为$[a_1,b_1]$的一半，如此反复进行下去可得到一系列有根区间

$$[a,b]\supset[a_1,b_1]\supset\cdots\supset[a_n,b_n]\supset\cdots$$

其中每一个区间都是前一区间的一半，见图 2.1. 因此，$[a_n,b_n]$的长度为

$$b_n-a_n=\frac{b-a}{2^n},$$

当 $n\to\infty$时 b_n-a_n 趋于零，且$\lim\limits_{n\to\infty}x_n=\lim\limits_{n\to\infty}\dfrac{a_n+b_n}{2}=x^*$，这就是方程的根. 而 $x_n=\dfrac{a_n+b_n}{2}$即为方程的近似根，且有误差估计

$$|x_n-x^*|\leqslant\frac{b-a}{2^{n+1}}.\tag{2.1.4}$$

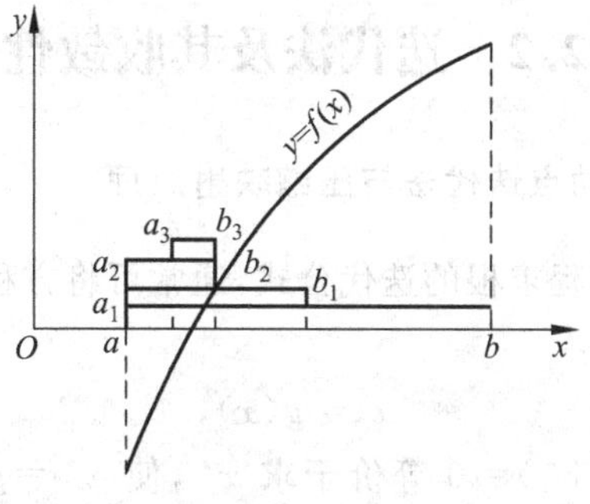

图 2.1

例 2.2 用二分法求方程

$$f(x)=x^3-x-1=0$$

在区间[1,1.5]的一个实根，准确到小数点后 2 位.

解　这里 $a=1,b=1.5$，根据上述步骤取区间中点 $x_0=1.25$，检查 $f(x_0)$ 的符号，决定新区间，如此反复得到一系列区间如下：

$f(1)<0$	有根区间
$f(1.5)>0$	$[1,1.5]$
$f(1.25)<0$	$[1.25,1.5]$
$f(1.375)>0$	$[1.25,1.375]$
$f(1.3125)<0$	$[1.3125,1.375]$
$f(1.34375)>0$	$[1.3125,1.34375]$
$f(1.3281)>0$	$[1.3125,1.3281]$
$f(1.3203)<0$	$[1.3203,1.3281]$

取 $x_6=1.3242$，误差限 $|x_6-x^*|<\frac{0.5}{2^7}<0.005$，故 x_6 即为所求近似根，实际上根 $x^*=1.324717\cdots$.

上述二分法的优点是计算简单，收敛性有保证，缺点是收敛不够快，特别是精度要求高时工作量大，而且，不能求复根及双重根.

2.2　迭代法及其收敛性

2.2.1　不动点迭代法与压缩映射原理

为了构造方程求根的迭代公式，通常可将方程(2.1.1)改写成等价形式

$$x=g(x),\tag{2.2.1}$$

则求 x^* 满足 $f(x^*)=0$ 等价于求 x^*，使 $x^*=g(x^*)$，称 x^* 为 $g(x)$ 的**不动点**. 于是求 $f(x)=0$ 的根等价于求 $g(x)$ 的不动点. 若已知方程(2.1.1)的一个近似根 x_0，代入式(2.2.1)右端，即可求得 $x_1=g(x_0)$，如此反复迭代，可得到迭代序列

$$x_{k+1}=g(x_k),\quad k=0,1,2,\cdots,\tag{2.2.2}$$

$g(x)$ 称为**迭代函数**. 如果对初始近似 x_0，迭代序列 $\{x_k\}$ 有极限

$$\lim_{k\to\infty} x_k = x^*,$$

则称迭代过程(2.2.2)**收敛**,且对(2.2.2)式取极限得到 $x^* = g(x^*)$. x^* 就是 $g(x)$ 的不动点,故方法(2.2.2)称为不动点迭代法. x^* 就是方程(2.2.1)的根.

方程(2.2.1)的求根问题,从几何图像上考察就是在 Oxy 平面上确定曲线 $y=x$ 与 $y=g(x)$ 的交点 P^*. 用迭代法(2.2.2)求根就是从 $y=x_0$ 与 $y=g(x)$ 的交点出发逐次求点 P^* 的横坐标 x^*,图 2.2(a)表示迭代序列(2.2.2)收敛,图 2.2(b)表示迭代不收敛.

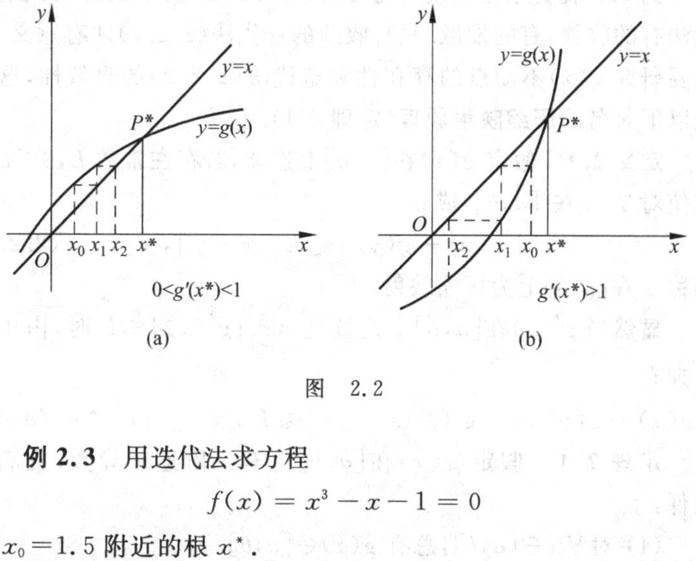

图 2.2

例 2.3 用迭代法求方程

$$f(x) = x^3 - x - 1 = 0$$

在 $x_0 = 1.5$ 附近的根 x^*.

解 将方程改写成

$$x = \sqrt[3]{1+x},$$

构造迭代法

$$x_{k+1} = \sqrt[3]{1+x_k}, \quad k = 0,1,2,\cdots. \tag{2.2.3}$$

只要按式(2.2.3)逐步计算 $g(x_k) = \sqrt[3]{1+x_k}$,便可得到迭代结果:

$$x_0 = 1.5,\quad x_1 = 1.35721,\quad x_2 = 1.33086,$$
$$x_3 = 1.32588,\quad x_4 = 1.32494,\quad x_5 = 1.32476,$$
$$x_6 = 1.32473,\quad x_7 = 1.32472,\quad x_8 = 1.32472.$$

这说明迭代过程(2.2.3)收敛,且 $x_7 = x_8 = 1.32472$ 为方程的近似根.但如果将方程改写为 $x = x^3 - 1$,并建立迭代公式

$$x_{k+1} = x_k^3 - 1,\quad k = 0,1,2,\cdots, \tag{2.2.4}$$

则 $x_0 = 1.5, x_1 = 2.375, x_2 = 12.39, \cdots, x_k$ 的值越算越大,说明迭代过程(2.2.4)不收敛,因此这个迭代法不能用.

例 2.3 表明原方程改写为方程(2.2.1)的形式不同,得到的迭代法有的收敛,有的发散.只有收敛的迭代法(2.2.2)才有意义,为此要研究 $g(x)$ 不动点的存在性和迭代法(2.2.2)的收敛性,这就是以下著名的**压缩映射原理**(定理 2.1).

定义 2.1 假定 $g(x)$ 在 $[a,b]$ 上连续,若存在常数 $L, 0 \leqslant L < 1$,使对 $\forall x, y \in [a,b]$,成立

$$|g(x) - g(y)| \leqslant L|x - y|, \tag{2.2.5}$$

则称 g 在 $[a,b]$ 上为压缩映射.

显然当 $g'(x)$ 在 $[a,b]$ 上连续且 $\max\limits_{a \leqslant x \leqslant b}|g'(x)| \leqslant L$ 时,由中值定理有

$$|g(x) - g(y)| = |g'(\xi)(x - y)| \leqslant L|x - y|,\quad \xi \in (a,b).$$

定理 2.1 假定 $g(x)$ 在 $[a,b]$ 上有一阶连续导数,且满足条件:

(1) 对 $\forall x \in [a,b]$,总有 $g(x) \in [a,b]$;

(2) 存在常数 $L \in (0,1)$,使对 $\forall x \in [a,b]$ 有 $|g'(x)| \leqslant L$. 则 $g(x)$ 在 $[a,b]$ 上存在惟一的不动点 x^*,且对 $\forall x_0 \in [a,b]$ 由(2.2.2)式生成的迭代序列 $\{x_k\}$ 收敛到 x^*,并有误差估计式

$$|x_k - x^*| \leqslant \frac{L^k}{1-L}|x_1 - x_0|. \tag{2.2.6}$$

证明 定理中条件(2)成立则压缩条件(2.2.5)成立.

先证存在性. 设 $f(x)=x-g(x)$，由条件(1)知 $f(a)=a-g(a)\leqslant 0$ 及 $f(b)=b-g(b)\geqslant 0$，故 $f(a)f(b)\leqslant 0$，由连续函数性质知必存在 $x^*\in[a,b]$，使 $f(x^*)=x^*-g(x^*)=0$，x^* 即为 $g(x)$ 的不动点.

再证惟一性. 用反证法，设 $x_1^*,x_2^*\in[a,b]$ 都是 $g(x)$ 的不动点，若 $x_1^*\neq x_2^*$，则由条件(2)可知(2.2.5)式成立，故有

$$\begin{aligned}|x_1^*-x_2^*|&=|g(x_1^*)-g(x_2^*)|\\&\leqslant L|x_1^*-x_2^*|<|x_1^*-x_2^*|.\end{aligned}$$

这与假设矛盾，故只能 $x_1^*=x_2^*$，即不动点是惟一的.

下面证迭代序列 $\{x_k\}$ 收敛于 x^*. 由于 $g(x)\in[a,b]$，故由(2.2.2)式生成的 $\{x_k\}\in[a,b]$，于是由(2.2.5)式有

$$\begin{aligned}|x_k-x^*|&=|g(x_{k-1})-g(x^*)|\\&\leqslant L|x_{k-1}-x^*|\leqslant\cdots\leqslant L^k|x_0-x^*|.\end{aligned}$$

因 $L\in[0,1)$，故 $\lim\limits_{k\to\infty}|x_k-x^*|=0$，即 $\lim\limits_{k\to\infty}x_k=x^*$.

下面仍利用(2.2.5)式考虑

$$\begin{aligned}&|x_{k+p}-x_k|\\&=|x_{k+p}-x_{k+p-1}+x_{k+p-1}-\cdots-x_{k+1}+x_{k+1}-x_k|\\&\leqslant|x_{k+p}-x_{k+p-1}|+|x_{k+p-1}-x_{k+p-2}|+\cdots+|x_{k+1}-x_k|\\&\leqslant(L^{p-1}+L^{p-2}+\cdots+L+1)|x_{k+1}-x_k|\\&\leqslant\frac{1-L^p}{1-L}|x_{k+1}-x_k|\leqslant\frac{1}{1-L}|x_{k+1}-x_k|\\&\leqslant\frac{L^k}{1-L}|x_1-x_0|.\end{aligned}$$

上式中令 $p\to\infty$，则得(2.2.6)式. □

这个定理既给出了 $g(x)$ 不动点的存在惟一性，也给出了迭代法(2.2.2)收敛于 x^* 的充分条件和误差估计，它是一个大范围收敛的定理，在例 2.3 中，当 $g(x)=\sqrt[3]{1+x}$ 时，$g'(x)=\frac{1}{3}(1+$

$x)^{-2/3}$，在区间$[1,2]$上$\max\limits_{1\leqslant x\leqslant 2}|g'(x)|=\dfrac{1}{3}\dfrac{1}{\sqrt[3]{4}}<0.21<1$，且当$x\in[1,2]$时$1\leqslant g(x)\leqslant 2$，故迭代过程(2.2.3)收敛，但对迭代过程(2.2.4)．$g(x)=x^3-1$，$g'(x)=3x^2$．在区间$[1,2]$上$g'(x)\geqslant 3$，定理2.1的条件不满足，因此迭代过程(2.2.4)不能用．实际上，由中值定理可知

$$\begin{aligned}|x_k-x^*|&=|g(x_{k-1})-g(x^*)|\\&=|g'(\xi)(x_{k-1}-x^*)|\geqslant 3|x_{k-1}-x^*|\\&\geqslant\cdots\geqslant 3^k|x_0-x^*|,\end{aligned}$$

当$k\to\infty$时，$\{x_k\}$发散．

2.2.2 局部收敛性与收敛阶

定理2.1是在区间$[a,b]$上给出序列$\{x_k\}$的收敛性，条件较强．若$g(x)$的不动点x^*存在时，通常只需研究$\{x_k\}$在x^*附近的收敛性及收敛速度．

定义2.2　设$g(x)$在某区间I上有不动点x^*，若存在x^*的一个邻域$S=\{|x-x^*|<\delta,\delta>0\}\subset I$，使对$\forall x_0\in S$，迭代序列$\{x_k\}\subset S$且收敛到$x^*$，则称此迭代序列局部收敛．

定理2.2　设x^*是$g(x)$的不动点，$g'(x)$在x^*邻域S上连续，且$|g'(x^*)|<1$，则迭代法(2.2.2)局部收敛．

证明　由$|g'(x^*)|<1$及$g'(x)$的连续性知，存在$S=\{|x-x^*|<\delta\}$，使$\max\limits_{x\in S}|g'(x)|\leqslant L<1$，并有

$$|g(x)-x^*|=|g(x)-g(x^*)|\leqslant L|x-x^*|<\delta,$$

故对$\forall x\in S$，有$g(x)\in S$，于是$g(x)$在区间$S=[x^*-\delta,x^*+\delta]$上满足定理2.1的条件．故由(2.2.2)式生成的序列$\{x_k\}$对$\forall x_0\in S$均收敛于x^*．□

注意局部收敛性是假定$g(x)$的不动点x^*存在而得到的，它只要求$|g'(x^*)|<1$，较易检验，且$|g'(x^*)|$大小还与序列收敛快

慢有关.

例 2.4 构造不同迭代法求 $x^2-3=0$ 的根 $x^*=\sqrt{3}$.

解 利用(1.2.4)式可给出

(1) $x_{k+1}=\frac{1}{2}\left(x_k+\frac{3}{x_k}\right),\quad k=0,1,2,\cdots$

$$g(x)=\frac{1}{2}\left(x+\frac{3}{x}\right),g'(x)=\frac{1}{2}\left(1-\frac{3}{x^2}\right),g'(x^*)=g'(\sqrt{3})=0<1,$$

故收敛.

此外还可构造其他迭代法.

(2) $x_{k+1}=x_k-\frac{1}{4}(x_k^2-3),\quad k=0,1,2,\cdots$

$$g(x)=x-\frac{1}{4}(x^2-3),\quad g'(x)=1-\frac{1}{2}x,$$

$$g'(x^*)=g'(\sqrt{3})=1-\frac{\sqrt{3}}{2}<1,$$

故收敛.

(3) $x_{k+1}=\frac{3}{x_k},\quad k=0,1,2,\cdots$

$$g(x)=\frac{3}{x},\quad g'(x)=-\frac{3}{x^2},\quad g'(x^*)=-1.$$

不满足定理 2.2 的条件.

对上述 3 种迭代法分别用 $x_0=2$ 迭代,结果见表 2.1.

表 2.1

k	x_k	迭代法(1)	迭代法(2)	迭代法(3)
0	x_0	2	2	2
1	x_1	1.75	1.75	1.5
2	x_2	1.732143	1.73475	2
3	x_3	1.732051	1.73236	1.5
⋮	⋮	⋮	⋮	⋮

由$\sqrt{3}=1.7320508$,从表 2.1 看到迭代法(1),迭代法(2)均收敛,而迭代法(3)不收敛. 在迭代法(1)中 $g'(x^*)=0$,收敛最快.

定义 2.3　设迭代序列$\{x_k\}$收敛到 x^*,若存在实数 $p\geqslant 1$ 及 $\alpha\neq 0$,且当 $k\geqslant k_0$ 时 $x_k\neq x^*$,有

$$\lim_{k\to\infty}\frac{x_{k+1}-x^*}{(x_k-x^*)^p}=\alpha, \tag{2.2.7}$$

则称序列$\{x_k\}$是 p 阶收敛的. 当 $p=1$ 时称为线性收敛,当 $p>1$ 时称为超线性收敛,当 $p=2$ 时称为平方收敛. α 称为收敛因子.

从定义可知,收敛阶 p 越大收敛越快. 当 $p=1$ 时$|\alpha|<1$,且$|\alpha|$越小收敛越快.

定理 2.3　设 x^* 为 $g(x)$的不动点,整数 $p>1$,$g^{(p)}(x)$在 $x=x^*$ 处连续,且满足

$$g'(x^*)=\cdots=g^{(p-1)}(x^*)=0,\quad g^{(p)}(x^*)\neq 0. \tag{2.2.8}$$

则由迭代法(2.2.2)生成的$\{x_k\}$是 p 阶收敛的,且

$$\lim_{k\to\infty}\frac{x_{k+1}-x^*}{(x_k-x^*)^p}=\frac{g^{(p)}(x^*)}{p!}. \tag{2.2.9}$$

证明　由于 $p>1$,故 $g'(x^*)=0$. 由定理 2.2 知,序列$\{x_k\}$局部收敛到 x^*. 由于 $x_k\neq x^*$,将 $g(x_k)$在 x^* 处按 Taylor 级数展开,得

$$g(x_k)=g(x^*)+g'(x^*)(x_k-x^*)+\cdots$$
$$+\frac{g^{(p-1)}(x^*)}{(p-1)!}+\frac{g^{(p)}(\xi)}{p!}(x_k-x^*)^p,\quad \xi\text{在 }x_k\text{ 与 }x^*\text{ 之间}.$$

由(2.2.8)式可得

$$x_{k+1}-x^*=g(x_k)-g(x^*)=\frac{g^{(p)}(\xi)}{p!}(x_k-x^*)^p,$$

即

$$\frac{x_{k+1}-x^*}{(x_k-x^*)^p}=\frac{g^{(p)}(\xi)}{p!},\quad \xi\text{在 }x_k\text{ 与 }x^*\text{ 之间}.$$

由 $g^{(p)}(x)$的连续性,上式取极限 $k\to\infty$,则得(2.2.9)式. □

根据此定理,对例 2.4 中迭代法(1)知 $g'(x^*)=0$,而 $g''(x)=\frac{6}{x^3}$,$g''(x^*)=\frac{2}{\sqrt{3}}\neq 0$. 故知 $p=2$,即该迭代法是二阶收敛的.

2.2.3 Aitken 加速方法

如果迭代过程(2.2.2)收敛很慢,要达到要求精度则计算量很大,通常可用加速收敛的方法.

设 x_k 是根 x^* 的近似,$x_k-x^*\neq 0$,由 Cauchy 中值定理得

$$\frac{x_{k+1}-x^*}{x_k-x^*}=\frac{g(x_k)-x^*}{x_k-x^*}=g'(\xi_k),\quad \xi_k \text{ 在 } x_k \text{ 与 } x^* \text{ 之间}.$$

假定 $g'(x)$在 x 变化时改变不大,可设 $g'(\xi_k)\approx L\neq 0$,于是得

$$\frac{x_{k+1}-x^*}{x_k-x^*}\approx\frac{x_{k+2}-x^*}{x_{k+1}-x^*}\approx L,$$

由此解出

$$x^*\approx\frac{x_{k+2}x_k-x_{k+1}^2}{x_{k+2}-2x_{k+1}+x_k}=x_k-\frac{(x_{k+1}-x_k)^2}{x_{k+2}-2x_{k+1}+x_k}.$$

若记

$$\bar{x}_{k+1}=x_k-\frac{(\Delta x_k)^2}{\Delta^2 x_k},\quad k=0,1,2,\cdots \tag{2.2.10}$$

其中 $\Delta x_k=x_{k+1}-x_k$ 是 x_k 的一阶差分,$\Delta^2 x_k=x_{k+2}-2x_{k+1}+x_k$ 是 x_k 的二阶差分.(2.2.10)式称为 Aitken 加速方法,也称 Δ^2 加速方法,可以证明

$$\lim_{k\to\infty}\frac{\bar{x}_{k+1}-x^*}{x_k-x^*}=0.$$

它表明序列$\{\bar{x}_k\}$比$\{x_k\}$收敛快.

例 2.5 用 Aitken 加速方法求方程 $x=e^{-x}$在 $x_0=0.5$ 附近的根.

解 若用迭代法 $x_{k+1}=e^{-x_k}$ 求根,计算 18 步可得 $x_{18}=$

0.56714.用 Aitken 加速方法,将 $g(x_k)=e^{-x_k}$ 代入公式 $x_{k+1}=g(x_k)$,由(2.2.10)式计算一步得

$$x_0=0.5,\quad x_1=0.60653,$$
$$x_2=0.54524,\quad \bar{x}_1=0.56762.$$

计算第 2 步时由 $\bar{x}_1$ 出发,可取 $x_1=\bar{x}_1$,即

$$x_1=0.56762,\quad x_2=0.56687,$$
$$x_3=0.56730,\quad \bar{x}_2=0.56714.$$

与用迭代 $x_{k+1}=e^{-x_k}$ 计算 18 步的结果相同.而此处只用(2.2.10)式计算 2 步.相当于计算 $x_{k+1}=g(x_k)$ 计算 4 步的工作量.可见 Aitken 加速方法效果显著.一般来说,若 $\{x_k\}$ 线性收敛,则 $\{\bar{x}_k\}$ 是二阶收敛,甚至对不收敛的迭代法(2.2.2)用(2.2.10)式计算也可能变成是收敛的.

2.3 Newton 迭代法

2.3.1 Newton 法及其收敛性

Newton 法是通过将非线性方程线性化建立迭代序列的一种方法,对于方程

$$f(x)=0, \tag{2.3.1}$$

若已知根 x^* 的一个近似值 x_k,通过点 $(x_k,f(x_k))$ 的切线方程为

$$y=f(x_k)+f'(x_k)(x-x_k). \tag{2.3.2}$$

它与 x 轴的交点近似 $f(x)=0$ 的根 x^*,若将

$$f(x_k)+f'(x_k)(x-x_k)=0$$

的根记作 x_{k+1},当 $f'(x_k)\neq 0$,则得

$$x_{k+1}=x_k-\frac{f(x_k)}{f'(x_k)},\quad k=0,1,2,\cdots \tag{2.3.3}$$

它就是解方程(2.3.1)的 Newton 迭代法,简称 Newton 法.其几

何意义见图 1.2,它是用由(2.3.2)式表示的切线近似曲线 $y=f(x)$得到的迭代法,由(2.3.3)式可知其迭代函数为

$$g(x)=x-\frac{f(x)}{f'(x)}.$$

于是

$$g'(x)=1-\frac{f'(x)}{f'(x)}+\frac{f(x)f''(x)}{[f'(x)]^2}=\frac{f(x)f''(x)}{[f'(x)]^2}.$$

若 $f(x^*)=0, f'(x^*)\neq 0$(即 x^* 为方程(2.3.1)的单根),则 $g'(x^*)=0, g''(x^*)=\dfrac{f''(x^*)}{f'(x^*)}\neq 0$. 根据定理 2.3 可得下面的结论.

定理 2.4 设 $f(x^*)=0, f'(x^*)\neq 0$,且 $f(x)$在 x^* 附近的二阶导数 $f''(x)$连续,则 Newton 法(2.3.3)具有二阶收敛,且

$$\lim_{k\to\infty}\frac{x_{k+1}-x^*}{(x_k-x^*)^2}=\frac{1}{2}\frac{f''(x^*)}{f'(x^*)}. \tag{2.3.4}$$

这是 Newton 法的局部收敛定理,它表明 Newton 法收敛很快,但 x_0 在 x^* 附近才能保证迭代序列收敛,这里不再讨论 Newton 法半局部收敛定理与全局收敛定理.

例 2.6 用 Newton 法求方程 $xe^x-1=0$ 的根.

解 由于 $f(x)=xe^x-1, f'(x)=(x+1)e^x$,故 Newton 迭代为

$$x_{k+1}=x_k-\frac{x_k-e^{-x_k}}{x_k+1},\quad k=0,1,2,\cdots$$

取 $x_0=0.5$ 得,$x_1=0.57102, x_2=0.56716, x_3=0.56714$. x_3 即为根 x^* 的近似,只算 3 步得到 10^{-5} 的精度,这说明 Newton 法收敛很快.

注意,用计算机编程计算时只要$|x_k-x_{k-1}|\leqslant\varepsilon$($\varepsilon$ 为计算误差限),则$|x_k-x^*|\leqslant\varepsilon$,这个结论对任何具有超线性收敛的迭代序列$\{x_k\}$都是成立的. 另外还可由$|f(x_k)|\leqslant\varepsilon$,得到根 x^* 的近

似 x_k.

2.3.2 Newton 法的应用——开方求值

在(1.2.4)式给出的计算开方$\sqrt{a}$的迭代法

$$x_{k+1}=\frac{1}{2}\left(x_k+\frac{a}{x_k}\right),\quad k=0,1,2,\cdots \tag{2.3.5}$$

实际上就是求方程 $f(x)=x^2-a=0$ 根的 Newton 法. 此时 $f'(x)=2x$,由 Newton 法(2.3.3)则得(2.3.5)式. 它是二阶收敛的,是计算机中求开方值常用的算法,因此这里还要证明对任何 $x_0>0$,迭代法(2.3.5)产生的序列都收敛到$\sqrt{a}$,即$\lim\limits_{k\to\infty}x_k=\sqrt{a}$.

由(2.3.5)式有

$$x_{k+1}-\sqrt{a}=\frac{1}{2x_k}(x_k-\sqrt{a})^2.$$

同理有

$$x_{k+1}+\sqrt{a}=\frac{1}{2x_k}(x_k+\sqrt{a})^2.$$

两式相除得递推公式

$$\frac{x_{k+1}-\sqrt{a}}{x_{k+1}+\sqrt{a}}=\left(\frac{x_k-\sqrt{a}}{x_k+\sqrt{a}}\right)^2.$$

反复递推得

$$\frac{x_k-\sqrt{a}}{x_k+\sqrt{a}}=\left(\frac{x_0-\sqrt{a}}{x_0+\sqrt{a}}\right)^{2^k}.$$

令 $q=\left|\frac{x_0-\sqrt{a}}{x_0+\sqrt{a}}\right|$,则$\frac{x_k-\sqrt{a}}{x_k+\sqrt{a}}=q^{2^k}$或 $x_k=\frac{1+q^{2^k}}{1-q^{2^k}}\sqrt{a}$. 若 $x_0>0$,则有 $0<q<1$,此时

$$\lim_{k\to\infty}x_k=\lim_{k\to\infty}\frac{1+q^{2^k}}{1-q^{2^k}}\sqrt{a}=\sqrt{a}.$$

这就证明了迭代法(2.3.5)对任何 $x_0>0$ 的全局收敛性.

2.3.3 重根情形

当 $f'(x^*)=0$ 时,则 x^* 是方程(2.1.1)的重根,此时

$$f(x)=(x-x^*)^m h(x),\quad h(x^*)\neq 0,$$

Newton 法的迭代函数为

$$g(x)=x-\frac{f(x)}{f'(x)}=x-\frac{(x-x^*)h(x)}{mh(x)+(x-x^*)h'(x)},$$

$$g'(x^*)=1-\frac{1}{m}\neq 0\ (m\geqslant 2),\quad |g'(x^*)|<1.$$

它表明用 Newton 法求重根时仍然是收敛的. 但只有线性收敛. 若迭代函数改为

$$g(x)=x-m\frac{f(x)}{f'(x)},$$

则 $g'(x^*)=0$,此时可构造迭代法

$$x_{k+1}=x_k-m\frac{f(x_k)}{f'(x_k)},\quad k=0,1,2,\cdots \tag{2.3.6}$$

同样具有二阶收敛速度. 用此方法必须知道重根的重数 m,否则可构造不受 m 影响的迭代法. 令 $\mu(x)=\dfrac{f(x)}{f'(x)}$,若 x^* 是 $f(x)=0$ 的 m 重根,则

$$\mu(x)=\frac{(x-x^*)h(x)}{mh(x)+(x-x^*)h'(x)}.$$

故 x^* 是 $\mu(x)=0$ 的单根,对它用 Newton 法得

$$x_{k+1}=x_k-\frac{\mu(x_k)}{\mu'(x_k)},$$

$$\mu'(x_k)=1-\frac{f(x_k)f''(x_k)}{[f'(x_k)]^2}.$$

从而得

$$x_{k+1}=x_k-\frac{f(x_k)f'(x_k)}{[f'(x_k)]^2-f(x_k)f''(x_k)},\quad k=0,1,2,\cdots \tag{2.3.7}$$

它也是二阶收敛的.

例 2.7　方程 $x^4-4x^2+4=0$ 的根 $x^*=\sqrt{2}$ 是二重根,试用 Newton 法及迭代法(2.3.6)、迭代法(2.3.7)这 3 种迭代法各计算 3 步.

解　由于 $f(x)=(x^2-2)^2$,故 $f'(x)=4x(x^2-2)$, $f''(x)=4(3x^2-2)$.

方法(1):Newton 迭代, $x_{k+1}=x_k-\frac{(x_k^2-2)}{4x_k}$,　$k=0,1,2,\cdots$;

方法(2):迭代法(2.3.6), $x_{k+1}=x_k-\frac{x_k^2-2}{2x_k}$,　$k=0,1,2,\cdots$;

方法(3):迭代法(2.3.7), $x_{k+1}=x_k-\frac{x_k(x_k^2-2)}{x_k^2+2}$,　$k=0,1,2,\cdots$

3 种方法均取 $x_0=1.5$,得计算结果如下:

	方法(1)	方法(2)	方法(3)
x_1	1.458333333	1.416666667	1.411764706
x_2	1.436607143	1.414215686	1.414211438
x_3	1.425497619	1.414213562	1.414213562

方法(2)与方法(3)均达到 10^{-9} 的精确度,而方法(1)只有线性收敛,要达到相同精度需迭代 30 次.

2.4　Newton 法改进与变形

2.4.1　简化 Newton 法(平行弦法)

Newton 法每步要计算 $f(x_k)$ 及 $f'(x_k)$,计算量较大,为了减少计算量可改用以下迭代公式

$$x_{k+1}=x_k-cf(x_k),\quad k=0,1,2,\cdots,\ c\neq 0,\quad (2.4.1)$$

称为平行弦法,其迭代函数为

$$g(x) = x - cf(x), \quad g'(x) = 1 - cf'(x).$$

若$|g'(x^*)| < 1$,则方法局部收敛. 因此,当 $0 < c < \dfrac{2}{f'(x^*)}$ 时,$|g'(x^*)| = |1 - cf'(x^*)| < 1$ 方法局部收敛,特别在(2.4.1)式中取 $c = \dfrac{1}{f'(x_0)}$,则得

$$x_{k+1} = x_k - \frac{1}{f'(x_0)} f(x_k), \quad k = 0,1,2,\cdots \tag{2.4.2}$$

称为简化 Newton 法,其几何意义是用平行弦与 x 轴的交点作为 x^* 的近似,如图 2.3 所示. 这类方法每步只算一个 $f(x)$ 值,计算量较小,但方法只是线性收敛.

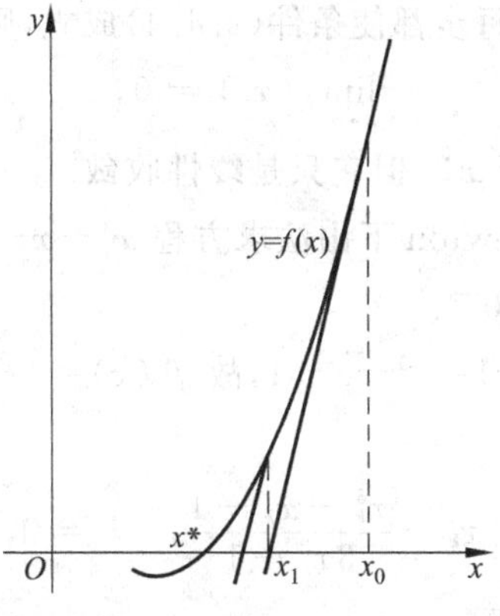

图 2.3

2.4.2 Newton 下山法

Newton 法的另一个缺点是局部收敛性,即初始近似 x_0 在 x^* 附近才保证收敛,当 x_0 偏离 x^* 时可能发散. 为了扩大 Newton 法的收敛范围,可用 Newton 下山法:

$$x_{k+1} = x_k - \lambda_k \frac{f(x_k)}{f'(x_k)}, \quad k = 0,1,2,\cdots, \tag{2.4.3}$$

其中 $0<\lambda_k\leqslant 1$，且满足条件

$$|f(x_{k+1})| < |f(x_k)|, \tag{2.4.4}$$

称为下山条件，λ_k 称为下山因子. 实际上，若令

$$\bar{x}_{k+1} = x_k - \frac{f(x_k)}{f'(x_k)}$$

则(2.4.3)式等价于

$$x_{k+1} = \lambda_k \bar{x}_{k+1} + (1-\lambda_k)x_k. \tag{2.4.5}$$

它是 $\bar{x}_{k+1}$ 与 x_k 的加权平均，计算时可先令 $x_k=1$，判断条件(2.4.4)是否成立，若不成立可将 λ_k 缩小 $\frac{1}{2}$，直至条件(2.4.4)成立为止. 通常只要每步都使条件(2.4.4)成立，则可得到

$$\lim_{k\to\infty} f(x_k) = 0,$$

从而使 $\{x_k\}$ 收敛于 x^*. 但它只是线性收敛.

例 2.8　用Newton 下山法求方程 $x^3-x-1=0$ 的根，取 $x_0=0.6$，计算精确到 10^{-5}.

解　由于 $f(x)=x^3-x-1$，故 $f'(x)=3x^2-1$，Newton 法程序为

$$x_{k+1} = x_k - \frac{x_k^3 - x_k - 1}{3x_k^2 - 1}, \quad k = 0,1,2,\cdots$$

若取 $x_0=1.5$，则得

$$x_1 = 1.34783, \quad x_2 = 1.32520, \quad x_3 = 1.32472.$$

3次迭代得到 x_3 具有6位有效位数，但若取 $x_0=0.6$，则可求得 $x_1=17.9$，此时 $f(x_1)=5716.439$，而 $f(0.6)=-1.384$，显然 $|f(x_1)|>|f(x_0)|$，条件(2.4.4)不成立. 如用下山法(2.4.5)，令 $\bar{x}_1=17.9$，从 $\lambda_0=1$ 开始逐次搜索，当 $\lambda_0=\frac{1}{32}$时，可得

$$x_1 = \frac{1}{32}\bar{x}_1 + \frac{31}{32}x_0 = 1.140625.$$

满足条件

$$|f(x_1)| = |-0.656643| < |f(x_0)| = 1.384.$$

x_1 已修正了 $\bar{x}_1$ 的严重偏差，以后计算由于 $\lambda_k = 1$ 就能使条件(2.4.4)成立，因此 Newton 下山法与 Newton 法结果一样，$x_2 = \bar{x}_2 = 1.366814$，$x_3 = \bar{x}_3 = 1.32628$，$x_4 = \bar{x}_4 = 1.32472$.

2.4.3 离散 Newton 法(弦截法)

求解方程(2.1.1)的 Newton 法(2.3.3)要计算 $f'(x_k)$，如果 $f(x)$的导数计算不方便，通常可利用导数的定义，由相近点处函数值的差来近似，即

$$f'(x_k) \approx \frac{f(x_k) - f(x_{k-1})}{x_k - x_{k-1}}.$$

将它代入式(2.3.3)，则得离散 Newton 法：

$$x_{k+1} = x_k - \frac{f(x_k)}{f(x_k) - f(x_{k-1})}(x_k - x_{k-1}), \quad k = 1,2,\cdots \tag{2.4.6}$$

这种迭代法与(2.2.2)式不同，它要给出 x_0, x_1 两个初始近似，才能逐次计算出 $x_2, x_3, \cdots$. 因此称为多点(两点)迭代，迭代法(2.4.6)称为弦截法，其几何意义是，用曲线 $y = f(x)$ 上两点 $(x_{k-1}, f(x_{k-1}))$，$(x_k, f(x_k))$的割线与 x 轴的交点作为 $f(x) = 0$ 根的新近似，即 $f(x) \approx \frac{f(x_k) - f(x_{k-1})}{x_k - x_{k-1}}(x - x_k) + f(x_k) = 0$ 的根，记作 x_{k+1}，它就是方程(2.1.1)根 x^* 的新近似，如图 2.4 所示.

由于弦截法(2.4.6)与单点迭代法(2.2.2)不同，它的收敛性比较复杂，但可以证明迭代法(2.4.6)是超线性收敛的，且收敛阶 $p = \frac{1+\sqrt{5}}{2} \approx 1.618$，故弦截法收敛也是很快的，且每迭代一次只算

一个新的函数值,比 Newton 法节省计算量.

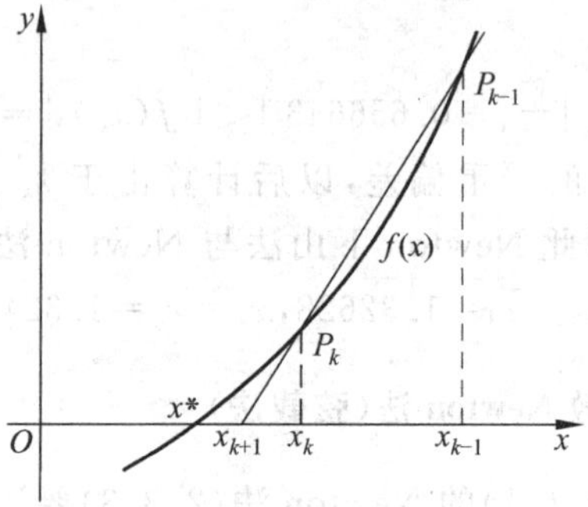

图　2.4

评　注

单变量方程求根是一个古老的问题,在古希腊与中国古代均已涉及,本章着重讨论了迭代法,它需要精心设计迭代函数,以保证迭代序列的收敛性. 而 Newton 法是其中最经典和最重要的方法,它体现以直代曲,删繁就简,将复杂的非线性方程转化为易于求解的线性化校正方程,形成迭代函数.

不动点迭代法的收敛性定理及局部收敛性与收敛阶等基本概念是迭代法的理论基础,它很容易推广到非线性方程组和更一般的泛函方程,求解非线性方程组是非线性科学的基本内容之一,有广泛的应用背景,其内容已超出本教材的要求,有兴趣的读者可参阅文献[5,6].

在单变量方程中,代数(多项式)方程求根有特殊的方法和理论. 本章未做专门介绍,可参见文献[7].

非线性方程求根可直接利用 MATLAB 中的命令 fzero 实现,

对多项式方程求根可用 MATLAB 中的命令 roots 来实现.

复习与思考题

1. 什么是不动点迭代法？其迭代函数满足什么条件才能保证迭代法收敛？如何估计误差？

2. 什么是迭代序列的收敛阶？如何比较不同迭代法收敛速度的快慢？

3. 什么是方程求根的 Newton 法？它是几阶收敛的？

4. 按收敛阶高低排序写出下列 3 种方法的次序：

(1)二分法 ；(2)Newton 法，(3)弦截法.

5. 如果计算函数值与导数值代价相当，如何评价 Newton 法与弦截法的优劣.

6. 判断下列命题的正确性：

(1) 非线性方程 $f(x)=0$ 在区间$[a,b]$上满足 $f(a)f(b)<0$，则它在$[a,b]$内有惟一的实根.

(2) 不动点迭代法 $x_{k+1}=g(x_k)(k=0,1,2,\cdots)$，在不动点 x^* 有$|g'(x^*)|<1$，则对 $\forall x_0\in\mathbb{R}$ 迭代法都收敛.

(3) Newton 迭代法是不动点迭代法特例.

(4) Newton 迭代法可能不收敛，也可能只是线性收敛.

(5) 当 $f'(x)$计算困难时应选择用简化 Newton 法.

(6) 在所有不动点迭代法中，Newton 法收敛阶最高.

习题与实验题

1. 用二分法求方程 $x^2-x-1=0$ 的正根，使误差小于 0.05.

2. 求方程 $x^3-x^2-1=0$ 在 $x_0=1.5$ 附近的一个根. 将方程改写成下列等价形式，并建立相应的迭代公式.

(1) $x=1+\frac{1}{x^2}$，迭代公式 $x_{k+1}=1+\frac{1}{x_k^2}$；

(2) $x^3=1+x^2$，迭代公式 $x_{k+1}=(1+x_k^2)^{1/3}$；

(3) $x^2=\dfrac{1}{x-1}$,迭代公式 $x_{k+1}=\dfrac{1}{\sqrt{x_k-1}}$.

试分析每种迭代法的收敛性,并选取一种收敛最快的方法求具有 4 位有效数字的近似根.

3. 设方程 $12-3x+2\cos x=0$ 的迭代法

$$x_{k+1}=4+\frac{2}{3}\cos x_k.$$

(1) 证明对 $\forall\, x_0\in\mathbb{R}$ 均有 $\lim\limits_{k\to\infty}x_k=x^*$,其中 x^* 为方程的根.

(2) 取 $x_0=4$,求此迭代法的近似根,使误差不超过 10^{-3},并列出各次迭代值.

(3) 此迭代法收敛阶是多少? 证明你的结论.

4. 给定函数 $f(x)$,设对一切 x,$f'(x)$存在,构造迭代法 $x_{k+1}=x_k-cf(x_k)$,问如何选取 c 才能保证此迭代法具有局部收敛.

5. 用 Aitken 加速方法求第 2 题中(2)与(3)的近似根,精确到 10^{-5}.

6. 用 Newton 法求下列方程的根,计算精确到 10^{-5}:

(1) $f(x)=x^3-3x-1=0$ 在 $x_0=2$ 附近的根;

(2) $f(x)=x^2-3x-e^x+2=0$ 在 $x_0=1$ 附近的根.

7. 证明迭代公式

$$x_{k+1}=\frac{3}{8}x_k+\frac{3a}{4x_k}-\frac{a^2}{8x_k^3}$$

是求$\sqrt{a}$的三阶方法.

8. 用弦截法计算第 6 题(2) 的根,精确到 10^{-5}.

9. 将弦截法改变为单步迭代法

$$x_{k+1}=x_k-\frac{f^2(x_k)}{f(x_k+f(x_k))-f(x_k)},\quad k=0,1,2,\cdots$$

证明在 $f(x)=0$ 的单根 x^* 附近是二阶收敛的.

10. $\varphi(x)=x-p(x)f(x)-q(x)f^2(x)$,试确定 $p(x)$和 $q(x)$,使求解 $f(x)=0$ 且以 φ 为迭代函数的迭代法至少三阶收敛.

11. 实验题:求下列方程的实根:

(1) $x^2-3x+2-e^x=0$;

(2) $x^3+2x^2+10x-20=0$.

要求：(1) 设计一种不动点迭代法，要求迭代序列线性收敛. 然后再用 Aitken 方法加速计算；

(2) 用 Newton 法计算；

(3) 要求输出上述 3 种方法的迭代初值、各次迭代值及迭代次数. 比较各方法的优缺点.

第3章 解线性方程组的直接方法

3.1 引 言

线性方程组求解是科学计算中用得最多的，很多计算问题都可归结为解线性方程组，本章及下章讨论的是 n 元线性方程组的数值求解方法. n 元线性方程组的表达式为

$$\begin{cases} a_{11}x_1 + a_{12}x_2 + \cdots + a_{1n}x_n = b_1, \\ a_{21}x_1 + a_{22}x_2 + \cdots + a_{2n}x_n = b_2, \\ \qquad\vdots \\ a_{n1}x_1 + a_{n2}x_2 + \cdots + a_{nn}x_n = b_n. \end{cases} \tag{3.1.1}$$

用向量及矩阵表示为

$$\boldsymbol{A}\boldsymbol{x} = \boldsymbol{b},$$

其中

$$\boldsymbol{A} = \begin{bmatrix} a_{11} & a_{12} & \cdots & a_{1n} \\ a_{21} & a_{22} & \cdots & a_{2n} \\ \vdots & \vdots & & \vdots \\ a_{n1} & a_{n2} & \cdots & a_{nn} \end{bmatrix}, \quad \boldsymbol{x} = \begin{bmatrix} x_1 \\ x_2 \\ \vdots \\ x_n \end{bmatrix}, \quad \boldsymbol{b} = \begin{bmatrix} b_1 \\ b_2 \\ \vdots \\ b_n \end{bmatrix},$$

并记作 $\boldsymbol{A}\in\mathbb{R}^{n\times n}$，$\boldsymbol{x},\boldsymbol{b}\in\mathbb{R}^n$，分别表示 $\boldsymbol{A}$ 为 $n\times n$ 实矩阵，$\boldsymbol{x},\boldsymbol{b}$ 为 n 维实向量. 根据线性方程组理论可知，若 $\boldsymbol{A}$ 非奇异，即 $\det\boldsymbol{A}\neq 0$，则方程组(3.1.1)的解存在惟一，并可用 Cramer 法则将解用行列式表示出来. 但由于计算量太大，不适于求解 $n\geqslant 4$ 的线性方程组. 利用计算机求解线性方程组的方法是直接法与迭代法，本章讨论的直接法其基本思想是将线性方程组转化为便于求解的三角线性方程组，再求三角线性方程组的解，理论上直接法可在有限步内求得

方程的精确解,但由于数值运算有舍入误差,因此实际计算求出的解仍然是近似解,仍需对解进行误差分析.本章讨论的直接方法主要是 Gauss 消去法与矩阵直接三角分解,它们都要用到矩阵的基础知识,这些基础知识在线性代数的相关教材中可以找到,本书不再介绍.

3.2 Gauss 消去法

消去法是一个求解线性方程组的古老方法,早在公元前 250 年我国就有解线性方程组消去法的记载,Gauss 顺序消去法是一种逐次消元方法,便于计算机编程,而由它改进得到的选主元消去法更是目前计算机常用的有效算法.

3.2.1 Gauss 顺序消去法

Gauss 消去法就是将线性方程组(3.1.1)通过 $n-1$ 步逐次消元使其转化成上三角线性方程组

$$\begin{bmatrix} a_{11}^{(1)} & a_{12}^{(1)} & \cdots & a_{1n}^{(1)} \\ & a_{22}^{(2)} & \cdots & a_{2n}^{(2)} \\ & & \ddots & \vdots \\ & & & a_{nn}^{(n)} \end{bmatrix} \begin{bmatrix} x_1 \\ x_2 \\ \vdots \\ x_n \end{bmatrix} = \begin{bmatrix} b_1^{(1)} \\ b_2^{(2)} \\ \vdots \\ b_n^{(n)} \end{bmatrix}, \qquad (3.2.1)$$

再逐次向后回代求得线性方程组的解.

下面用矩阵形式表示消元过程,记增广矩阵 $[\boldsymbol{A}^{(1)} \mid \boldsymbol{b}^{(1)}] = [\boldsymbol{A} \mid \boldsymbol{b}]$,即

$$[\boldsymbol{A}^{(1)} \mid \boldsymbol{b}^{(1)}] = \left[\begin{array}{cccc:c} a_{11}^{(1)} & a_{12}^{(1)} & \cdots & a_{1n}^{(1)} & b_1^{(1)} \\ a_{21}^{(1)} & a_{22}^{(1)} & \cdots & a_{2n}^{(1)} & b_2^{(1)} \\ \vdots & \vdots & & \vdots & \vdots \\ a_{n1}^{(1)} & a_{n2}^{(1)} & \cdots & a_{nn}^{(1)} & b_n^{(1)} \end{array}\right].$$

第 1 次消元，设 $a_{11}^{(1)} \neq 0$，计算 $l_{i1}=\dfrac{a_{i1}^{(1)}}{a_{11}^{(1)}}(i=2,3,\cdots,n)$. 记 $\boldsymbol{l}_1=(0,l_{21},\cdots,l_{n1})^{\mathrm{T}}$，若用 $-l_{i1}$ 乘 $[\boldsymbol{A}^{(1)} \mid \boldsymbol{b}^{(1)}]$ 的第 1 行加到第 i 行，可消去 $a_{i1}^{(1)}(i=2,3,\cdots,n)$. 用矩阵表示为

$$\boldsymbol{L}_1(-\boldsymbol{l}_1)=\boldsymbol{I}-\boldsymbol{l}_1\boldsymbol{e}_1^{\mathrm{T}}=\begin{bmatrix} 1 & & & \\ -l_{21} & 1 & & \\ \vdots & \vdots & \ddots & \\ -l_{n1} & 0 & \cdots & 1 \end{bmatrix},$$

称为初等消元矩阵，其中 $\boldsymbol{e}_1$ 为单位矩阵 $\boldsymbol{I}$ 的第 1 行，用 $\boldsymbol{L}_1(-\boldsymbol{l}_1)$ 左乘 $[\boldsymbol{A}^{(1)} \mid \boldsymbol{b}^{(1)}]$，则得

$$[\boldsymbol{A}^{(2)} \mid \boldsymbol{b}^{(2)}]=\boldsymbol{L}_1(-\boldsymbol{l}_1)[\boldsymbol{A}^{(1)} \mid \boldsymbol{b}^{(1)}]$$

$$=\left[\begin{array}{cccc:c} a_{11}^{(1)} & a_{12}^{(1)} & \cdots & a_{1n}^{(1)} & b_1^{(1)} \\ & a_{22}^{(2)} & \cdots & a_{2n}^{(2)} & b_2^{(2)} \\ & \vdots & & \vdots & \vdots \\ & a_{n2}^{(2)} & \cdots & a_{nn}^{(2)} & b_n^{(2)} \end{array}\right],$$

其中

$$a_{ij}^{(2)}=a_{ij}^{(1)}-l_{i1}a_{1j}^{(1)},\quad b_i^{(2)}=b_i^{(1)}-l_{i1}b_1^{(1)},\quad i,j=2,3,\cdots,n.$$

设经 $k-1$ 次消元后，已将 $[\boldsymbol{A}^{(1)} \mid \boldsymbol{b}^{(1)}]$ 转化为

$$[\boldsymbol{A}^{(k)} \mid \boldsymbol{b}^{(k)}]=\left[\begin{array}{cccccc:c} a_{11}^{(1)} & a_{12}^{(1)} & \cdots & a_{1k}^{(1)} & \cdots & a_{1n}^{(1)} & b_1^{(1)} \\ & a_{22}^{(2)} & \cdots & a_{2k}^{(2)} & \cdots & a_{2n}^{(2)} & b_2^{(2)} \\ & & \ddots & \vdots & & \vdots & \vdots \\ & & & a_{kk}^{(k)} & \cdots & a_{kn}^{(k)} & b_k^{(k)} \\ & & & \vdots & & \vdots & \vdots \\ & & & a_{nk}^{(k)} & \cdots & a_{nn}^{(k)} & b_n^{(k)} \end{array}\right].$$

第 k 次消元，假定 $a_{kk}^{(k)} \neq 0$，计算

$$l_{ik}=\frac{a_{ik}^{(k)}}{a_{kk}^{(k)}},\quad i=k+1,\cdots,n, \tag{3.2.2}$$

记 $\boldsymbol{l}_k=(0,\cdots,0,l_{k+1\,k},\cdots,l_{nk})^{\mathrm{T}}$，用 $\boldsymbol{L}_k(-\boldsymbol{l}_k)=\boldsymbol{I}-\boldsymbol{l}_k\boldsymbol{e}_k^{\mathrm{T}}$ 左乘

$[\boldsymbol{A}^{(k)}|\boldsymbol{b}^{(k)}]$,其中初等消元矩阵

$$\boldsymbol{L}_k(-\boldsymbol{l}_k)=\begin{bmatrix}1 & & & & & \\ & \ddots & & & & \\ & & 1 & & & \\ & & -l_{k+1\,k} & 1 & & \\ & & \vdots & \vdots & \ddots & \\ & & -l_{nk} & 0 & \cdots & 1\end{bmatrix}.$$

记

$$[\boldsymbol{A}^{(k+1)}\mid\boldsymbol{b}^{(k+1)}]=\boldsymbol{L}_k(-\boldsymbol{l}_k)[\boldsymbol{A}^{(k)}\mid\boldsymbol{b}^{(k)}],$$

其中

$$\begin{cases}a_{ij}^{(k+1)}=a_{ij}^{(k)}-l_{ik}a_{kj}^{(k)}, & i,j=k+1,\cdots,n,\\ b_i^{(k+1)}=b_i^{(k)}-l_{ik}b_k^{(k)}, & i=k+1,\cdots,n.\end{cases}\tag{3.2.3}$$

当 $k=1,2,\cdots,n-1$,则可得到$[\boldsymbol{A}^{(n)}|\boldsymbol{b}^{(n)}]$,即得线性方程组(3.2.1),于是

$$\boldsymbol{A}^{(n)}\boldsymbol{x}=\boldsymbol{b}^{(n)}.$$

直接回代解得

$$\begin{cases}x_n=b_n^{(n)}/a_{nn}^{(n)},\\ x_k=\left(b_k^{(k)}-\sum\limits_{j=k+1}^{n}a_{kj}^{(k)}x_j\right)/a_{kk}^{(k)}, & k=n-1,\cdots,2,1,\end{cases}\tag{3.2.4}$$

并且有 $\det\boldsymbol{A}=a_{11}^{(1)}a_{22}^{(2)}\cdots a_{nn}^{(n)}\neq0$,以上消元过程包括回代求解,(3.2.4)式称为 Gauss 顺序消去法. 整个消去过程和回代过程共需乘除法次数为$\dfrac{n^3}{3}+n^2-\dfrac{1}{3}n$,加减法次数为$\dfrac{n^3}{3}+\dfrac{n^2}{2}-\dfrac{5}{6}n$,并有以下结论.

定理 3.1 $\boldsymbol{A}=(a_{ij})\in\mathbb{R}^{n\times n}$非奇异,且各阶顺序主子式

$$\Delta_k = \det \boldsymbol{A}_k = \begin{vmatrix} a_{11} & \cdots & a_{1k} \\ \vdots & & \vdots \\ a_{k1} & \cdots & a_{kk} \end{vmatrix} \neq 0, \quad k = 1,2,\cdots,n-1,$$

则 $a_{kk}^{(k)} \neq 0$. 从而可将线性方程组(3.1.1)变换为线性方程组(3.2.1)，并求得线性方程组(3.1.1)的解为(3.2.4)式，并有

$$\det \boldsymbol{A} = a_{11}^{(1)} a_{22}^{(2)} \cdots a_{nn}^{(n)}.$$

例 3.1 用 Gauss 消去法求解线性方程组

$$\begin{cases} x_1 + x_2 + x_3 = 6, \\ \qquad 4x_2 - x_3 = 5, \\ 2x_1 - 2x_2 + x_3 = 1. \end{cases}$$

并求 $\det \boldsymbol{A}$.

解 第 1 步将 -2 乘第 1 个方程加到第 3 个方程，则得

$$\left[\begin{array}{ccc:c} 1 & 1 & 1 & 6 \\ 0 & 4 & -1 & 5 \\ 2 & -2 & 1 & 1 \end{array}\right] \xrightarrow{\text{第 1 步}} \left[\begin{array}{ccc:c} 1 & 1 & 1 & 6 \\ 0 & 4 & -1 & 5 \\ 0 & -4 & -1 & -11 \end{array}\right]$$

$$\xrightarrow{\text{第 2 步}} \left[\begin{array}{ccc:c} 1 & 1 & 1 & 6 \\ 0 & 4 & -1 & 5 \\ 0 & 0 & -2 & -6 \end{array}\right].$$

第 2 步是将第 1 步得到的增广矩阵的第 2 行加到第 3 行，再由(3.2.4)式回代得 $x_3 = 3, x_2 = 2, x_1 = 1$. 而 $\det \boldsymbol{A} = 1 \times 4 \times (-2) = -8$.

3.2.2 消去法与矩阵三角分解

上述 Gauss 消元过程从矩阵变换角度来看就是左乘 $n-1$ 次初等消元矩阵，即

$$\boldsymbol{L}_{n-1}(-\boldsymbol{l}_{n-1})\boldsymbol{L}_{n-2}(-\boldsymbol{l}_{n-2})\cdots\boldsymbol{L}_1(-\boldsymbol{l}_1)\boldsymbol{A} = \boldsymbol{A}^{(n)} = \boldsymbol{U}.$$

由于 $\boldsymbol{L}_k^{-1}(-\boldsymbol{l}_k) = \boldsymbol{L}_k(\boldsymbol{l}_k)$. 于是有

$$\boldsymbol{A} = \boldsymbol{L}_1^{-1}(-\boldsymbol{l}_1)\boldsymbol{L}_2^{-1}(-\boldsymbol{l}_2)\cdots\boldsymbol{L}_{n-1}^{-1}(-\boldsymbol{l}_{n-1})\boldsymbol{A}^{(n)} = \boldsymbol{L}\boldsymbol{U},$$

其中

$$
\begin{aligned}
\boldsymbol{L} &= \boldsymbol{L}_1^{-1}(-\boldsymbol{l}_1)\boldsymbol{L}_2^{-1}(-\boldsymbol{l}_2)\cdots\boldsymbol{L}_{n-1}^{-1}(-\boldsymbol{l}_{n-1}) \\
&= \boldsymbol{L}_1(\boldsymbol{l}_1)\boldsymbol{L}_2(\boldsymbol{l}_2)\cdots\boldsymbol{L}_{n-1}(\boldsymbol{l}_{n-1}) \\
&= \begin{bmatrix} 1 & & & \\ l_{21} & 1 & & \\ \vdots & \vdots & \ddots & \\ l_{n1} & l_{n2} & \cdots & 1 \end{bmatrix}
\end{aligned}
$$

为单位下三角矩阵，而

$$
\boldsymbol{U} = \boldsymbol{A}^{(n)} = \begin{bmatrix} a_{11}^{(1)} & a_{12}^{(1)} & \cdots & a_{1n}^{(1)} \\ & a_{22}^{(2)} & \cdots & a_{2n}^{(2)} \\ & & \ddots & \vdots \\ & & & a_{nn}^{(n)} \end{bmatrix}
$$

为上三角矩阵. $\boldsymbol{A}=\boldsymbol{LU}$ 的三角分解也称 Doolittle 分解，矩阵 $\boldsymbol{A}$ 能进行分解的条件是 $a_{kk}^{(k)}\neq 0(k=1,2,\cdots,n-1)$，于是由定理 3.1 有下面定理.

定理 3.2 若矩阵 $\boldsymbol{A}$ 的顺序主子式 $\Delta_k\neq 0(k=1,2,\cdots,n-1)$，则 $\boldsymbol{A}$ 可分解为单位下三角矩阵 $\boldsymbol{L}$ 及上三角矩阵 $\boldsymbol{U}$ 的乘积，即 $\boldsymbol{A}=\boldsymbol{LU}$，且这种分解是惟一的.

3.2.3 列主元消去法

在顺序消元过程中，如果 $a_{kk}^{(k)}=0$，可通过行交换使其非零，但还可能出现 $|a_{kk}^{(k)}|(k=1,2,\cdots,n-1)$ 很小的情况，由于用它做除法将导致舍入误差增长，使数值解不可靠，如下例.

例 3.2 用 Gauss 消去法解方程组(用 5 位十进制数)

$$
\begin{cases} 0.0001x_1+2x_2=1, \\ 2x_1+3x_2=2. \end{cases}
$$

解 因$\Delta_1=0.0001\neq0$,$\Delta_2=\det\boldsymbol{A}=-3.9997\neq0$,故方程组解存在惟一,且可用 Gauss 消去法求得解 $\tilde{\boldsymbol{x}}=(0.0000,0.5000)^{\mathrm{T}}$,而方程组的精确解为 $\boldsymbol{x}^*=(0.25001875,0.49998750)^{\mathrm{T}}$,$\tilde{\boldsymbol{x}}$ 与 $\boldsymbol{x}^*$ 比较误差很大,但若将两个方程互换为

$$\begin{cases} 2x_1+3x_2=2, \\ 0.0001x_1+2x_2=1, \end{cases}$$

仍用 Gauss 消去法可求得解 $\boldsymbol{x}=(0.2500,0.5000)^{\mathrm{T}}$,它有4位有效数字,即$|x_i-x_i^*|\leqslant\frac{1}{2}\times10^{-4}(i=1,2)$.这就是列主元消去法的基本思想,具体做法是在每一次消元之前先找列主元(列中绝对值最大的元素),再做行交换,设$\boldsymbol{A}=(a_{ij})=\boldsymbol{A}^{(1)}$,在$\boldsymbol{A}^{(1)}$的第1列中选主元,得$|a_{i_1 1}^{(1)}|=\max\limits_{1\leqslant i\leqslant n}|a_{i1}^{(1)}|$,第 i_1 行为主元所在行,若$i_1>1$,将$[\boldsymbol{A}^{(1)}|\boldsymbol{b}^{(1)}]$的第 i_1 行与第1行互换,然后再按消元公式计算得到$[\boldsymbol{A}^{(2)}|\boldsymbol{b}^{(2)}]$,假定上述过程已进行了 $k-1$ 次,得到$[\boldsymbol{A}^{(k)}|\boldsymbol{b}^{(k)}]$,则在进行第 k 次消元之前先在$\boldsymbol{A}^{(k)}$中的第 k 列的第 k 行到第 n 行中选主元.记$|a_{i_k k}^{(k)}|=\max\limits_{k\leqslant i\leqslant n}|a_{ik}^{(k)}|$,若 $i_k>k$,则在$[\boldsymbol{A}^{(k)}|\boldsymbol{b}^{(k)}]$中将 i_k 行与 k 行互换,然后再按公式(3.2.2)及公式(3.2.3)进行消元,得到$[\boldsymbol{A}^{(k+1)}|\boldsymbol{b}^{(k+1)}](k=1,2,\cdots,n-1)$,最后得到$[\boldsymbol{A}^{(n)}|\boldsymbol{b}^{(n)}]$,如果某个主元出现$|a_{kk}^{(k)}|\approx0$,表明 $\det\boldsymbol{A}\approx0$,则方程组没有惟一解或严重病态,否则仍可由(3.2.4)式求得方程组的解.列主元消去法是目前求解线性方程组的常用方法,使用时可直接从数学软件库中调用,具体算法不再列出.

例 3.3 用列主元消去法解 $\boldsymbol{Ax}=\boldsymbol{b}$,其中

$$[\boldsymbol{A}\mid\boldsymbol{b}]=\left[\begin{array}{ccc:c} -0.002 & 2 & 2 & 0.4 \\ 1 & 0.78125 & 0 & 1.3816 \\ 3.996 & 5.5625 & 4 & 7.4178 \end{array}\right].$$

解 记$[\boldsymbol{A}^{(1)}|\boldsymbol{b}^{(1)}]=[\boldsymbol{A}|\boldsymbol{b}]$.

第1步,选主元 $a_{31}^{(1)}=3.996$,$i_1=3$,第3行与第1行互换.再

由(3.2.2)式、(3.2.3)式计算得

$$[\boldsymbol{A}^{(2)} \mid \boldsymbol{b}^{(2)}] = \left[\begin{array}{lll:r} 3.996 & 5.5625 & 4 & 7.4178 \\ 0 & -0.61077 & -1.0010 & -0.47471 \\ 0 & 2.0028 & 2.0020 & 0.40371 \end{array}\right].$$

第 2 步,对 $\boldsymbol{A}^{(2)}$ 选主元 $a_{32}^{(2)}=2.0028, i_2=3$,将$[\boldsymbol{A}^{(2)} \mid \boldsymbol{b}^{(2)}]$中第 3 行与第 2 行交换,再消元得

$$[\boldsymbol{A}^{(3)} \mid \boldsymbol{b}^{(3)}] = \left[\begin{array}{lll:r} 3.996 & 5.5625 & 4 & 7.4178 \\ 0 & 2.0028 & 2.0020 & 0.40371 \\ 0 & 0 & -0.39047 & -0.35159 \end{array}\right],$$

消元结束. 由回代过程(3.2.4)式求得解

$$\boldsymbol{x} = (1.9273, -0.69850, 0.90043)^{\mathrm{T}}.$$

此例的精确解为 $\boldsymbol{x}^* = (1.92730, -0.698496, 0.900423)^{\mathrm{T}}$,可见结果精度较高. 若用不选列主元的 Gauss 消去法,求解得 $\boldsymbol{x} = (1.9300, -0.68695, 0.88888)^{\mathrm{T}}$,误差较大.

3.3 直接三角分解法

3.3.1 Doolittle 分解法

在定理 3.2 中已经证明,若 $\boldsymbol{A} \in \mathbb{R}^{n \times n}$ 非奇异,且 $\Delta_i \neq 0 (i=1, 2, \cdots, n-1)$,则 $\boldsymbol{A}$ 可做 LU 分解,即 $\boldsymbol{A}=\boldsymbol{LU}$,其中 $\boldsymbol{L}$ 为单位下三角矩阵,$\boldsymbol{U}$ 为上三角矩阵. 现在可直接通过矩阵乘法求得 $\boldsymbol{L}$ 及 $\boldsymbol{U}$ 的元素,于是解线性方程组(3.1.1)就转化为求解方程组

$$\boldsymbol{LUx} = \boldsymbol{b}. \tag{3.3.1}$$

若令 $\boldsymbol{Ux}=\boldsymbol{y}$,则解线性方程组(3.1.1)转化为求两个三角方程组

$$\boldsymbol{Ly} = \boldsymbol{b} \quad 及 \quad \boldsymbol{Ux} = \boldsymbol{y}. \tag{3.3.2}$$

下面直接用矩阵乘法求 $\boldsymbol{U}$ 及 $\boldsymbol{L}$ 的元素. 由

$$\boldsymbol{A}=\begin{bmatrix} a_{11} & a_{12} & \cdots & a_{1n} \\ a_{21} & a_{22} & \cdots & a_{2n} \\ \vdots & \vdots & & \vdots \\ a_{n1} & a_{n2} & \cdots & a_{nn} \end{bmatrix}$$

$$=\begin{bmatrix} 1 & & & & \\ l_{21} & 1 & & & \\ \vdots & \vdots & \ddots & & \\ l_{n-11} & l_{n-12} & \cdots & 1 & \\ l_{n1} & l_{n2} & \cdots & l_{nn-1} & 1 \end{bmatrix}\begin{bmatrix} u_{11} & u_{12} & \cdots & u_{1n} \\ & u_{22} & \cdots & u_{2n} \\ & & \ddots & \vdots \\ & & & u_{nn} \end{bmatrix}$$

直接得到

$$\begin{aligned} u_{1j} &= a_{1j}, \quad j = 1,2,\cdots,n; \\ l_{i1} &= \frac{a_{i1}}{u_{11}}, \quad i = 2,3,\cdots,n. \end{aligned} \tag{3.3.3}$$

若已求得 $\boldsymbol{U}$ 的前 $i-1$ 行及 $\boldsymbol{L}$ 的前 $i-1$ 列，则由矩阵乘法有

$$a_{ij} = \sum_{k=1}^{n} l_{ik}u_{kj} = \sum_{k=1}^{i-1} l_{ik}u_{kj} + u_{ij}, \quad j \geqslant i,$$

从而可得

$$u_{ij} = a_{ij} - \sum_{k=1}^{i-1} l_{ik}u_{kj}, \quad j = i,i+1,\cdots,n. \tag{3.3.4}$$

这就求得 $\boldsymbol{U}$ 的第 i 行元素，求 $\boldsymbol{L}$ 的第 i 列元素可由

$$a_{ij} = \sum_{k=1}^{j-1} l_{ik}u_{kj} + l_{ij}u_{jj}, \quad i = j+1,\cdots,n$$

得到. 若 $u_{jj} \neq 0$，可得

$$l_{ij} = \frac{1}{u_{jj}}\left(a_{ij} - \sum_{k=1}^{j-1} l_{ik}u_{kj}\right), \quad i = j+1,\cdots,n. \tag{3.3.5}$$

计算规律是先由(3.3.3)式求 $\boldsymbol{U}$ 的第 1 行和 $\boldsymbol{L}$ 的第 1 列元素，而后由(3.3.4)式求 $\boldsymbol{U}$ 的第 i 行($i=2,3,\cdots,n$)元素 u_{ij}，再由(3.3.5)式计算 $\boldsymbol{L}$ 的第 i 列元素 l_{ij} ($i=j+1,\cdots,n$)，求出 $\boldsymbol{L}$ 及 $\boldsymbol{U}$ 后

再解方程组(3.3.2),其计算公式为

$$y_1 = b_1, \quad y_i = b_i - \sum_{j=1}^{i-1} l_{ij} y_j, \quad i = 2,3,\cdots,n; \tag{3.3.6}$$

$$x_n = \frac{y_n}{u_{nn}}, \quad x_i = \frac{1}{u_{ii}}\left(y_i - \sum_{j=i+1}^{n} u_{ij} x_j\right), \quad i = n-1,\cdots,2,1. \tag{3.3.7}$$

根据 $\det\boldsymbol{A}\neq 0$ 及定理 3.2 可知 $u_{ii}\neq 0(i=1,2,\cdots,n)$ 且 $\det\boldsymbol{A}=u_{11}\cdots u_{nn}$. 上述根据矩阵乘法直接得到的计算公式是为编制软件使用的. 读者练习时一般只对 $n=3$ 的简单情形求解,不必死记公式,直接用矩阵乘法计算即可.

例 3.4 用直接三角分解求解方程组

$$\begin{bmatrix} 1 & 2 & 3 \\ 2 & 5 & 2 \\ 3 & 1 & 5 \end{bmatrix}\begin{bmatrix} x_1 \\ x_2 \\ x_3 \end{bmatrix} = \begin{bmatrix} 14 \\ 18 \\ 20 \end{bmatrix}.$$

解 直接用矩阵乘法可知 $u_{11}=1, u_{12}=2, u_{13}=3, l_{21}=2, l_{31}=3, u_{22}=1, u_{23}=-4, l_{32}=-5, u_{33}=-24$. 即

$$\boldsymbol{A} = \begin{bmatrix} 1 & 0 & 0 \\ 2 & 1 & 0 \\ 3 & -5 & 1 \end{bmatrix}\begin{bmatrix} 1 & 2 & 3 \\ 0 & 1 & -4 \\ 0 & 0 & -24 \end{bmatrix} = \boldsymbol{LU}.$$

求解 $\boldsymbol{Ly}=(14,18,20)^{\mathrm{T}}$, 得 $\boldsymbol{y}=(14,-10,-72)^{\mathrm{T}}$;
求解 $\boldsymbol{Ux}=(14,-10,-72)^{\mathrm{T}}$, 得 $\boldsymbol{x}=(1,2,3)^{\mathrm{T}}$.

直接三角分解大约需要 $\frac{1}{3}n^3$ 次乘除法运算,与 Gauss 消去法计算量基本相同.

3.3.2 三对角线性方程组的追赶法

在许多科学计算问题中,常常要求解三对角线性方程组,即

$$\boldsymbol{Ax} = \boldsymbol{f}, \tag{3.3.8}$$

其中

$$A=\begin{bmatrix} b_1 & c_1 & & & \\ a_2 & b_2 & c_2 & & \\ & \ddots & \ddots & \ddots & \\ & & a_{n-1} & b_{n-1} & c_{n-1} \\ & & & a_n & b_n \end{bmatrix},\quad f=\begin{bmatrix} f_1 \\ f_2 \\ \vdots \\ f_n \end{bmatrix},\tag{3.3.9}$$

并满足条件

$$\begin{cases} |b_1|>|c_1|>0, \\ |b_i|\geqslant|a_i|+|c_i|,\ a_ic_i\neq 0,\ i=2,3,\cdots,n-1, \\ |b_n|>|a_n|>0. \end{cases}\tag{3.3.10}$$

称 $\boldsymbol{A}$ 为对角占优的三对角矩阵，对这种简单线性方程组可通过对 $\boldsymbol{A}$ 的三角分解建立计算量更少的求解公式，仍采用 $\boldsymbol{A}=\boldsymbol{LU}$ 的分解形式，直接利用矩阵乘法，$\boldsymbol{A}$ 有如下的 LU 分解式

$$A=\begin{bmatrix} 1 & & & & \\ l_2 & 1 & & & \\ & l_3 & \ddots & & \\ & & \ddots & 1 & \\ & & & l_n & 1 \end{bmatrix}\begin{bmatrix} u_1 & c_1 & & & \\ & u_2 & c_2 & & \\ & & \ddots & \ddots & \\ & & & u_{n-1} & c_{n-1} \\ & & & & u_n \end{bmatrix}.$$

这里 $\boldsymbol{L}$ 为单位下二对角矩阵，$\boldsymbol{U}$ 为上二对角矩阵，且次对角元素 c_i $(i=1,2,\cdots,n-1)$ 与矩阵 $\boldsymbol{A}$ 的上次对角元素相同，故用矩阵乘法直接得到

$$u_1=b_1,\quad l_i=a_i/u_{i-1},\quad u_i=b_i-l_ic_{i-1},\quad i=2,3,\cdots,n.\tag{3.3.11}$$

再求解 $\boldsymbol{Ly}=\boldsymbol{f}$ 及 $\boldsymbol{Ux}=\boldsymbol{y}$，分别得

$$y_1=f_1,\quad y_i=f_i-l_iy_{i-1},\quad i=2,3,\cdots,n\tag{3.3.12}$$

及

$$x_n=y_n/u_n,\quad x_i=(y_i-c_ix_{i+1})/u_i,\quad i=n-1,\cdots,2,1.\tag{3.3.13}$$

整个求解过程是先由(3.3.11)式及(3.3.12)式求$\{l_i\}$,$\{u_i\}$及$\{y_i\}$. 这时 $i=1,2,\cdots,n$ 为向大数字"追"的过程,再由(3.3.13)式求出$\{x_i\}$,这时 $i=n,n-1,\cdots,2,1$ 为往小数字"赶"的过程. 故整个求解三对角线性方程组(3.3.8)的过程称为追赶法. 它一共只用 $5n-4$ 次乘除法运算,计算量很少,且只需用 4 个一维数组就可以存储方程组的全部信息. 还可以证明下面的结论.

定理 3.3 设三对角线性方程组(3.3.8)的系数矩阵满足条件(3.3.10),则 $\boldsymbol{A}$ 非奇异并且有

(1) $u_i\neq 0,\quad i=1,2,\cdots,n$;

(2) $0<\dfrac{|c_i|}{|u_i|}<1,\quad i=1,2,\cdots,n-1$;

(3) $|b_i|-|c_i|<|u_i|<|b_i|+|a_i|,\quad i=2,3,\cdots,n-1$.

这个定理表明三对角线性方程组(3.3.8)的解存在惟一且可用追赶法顺利计算,而且计算是稳定的.

3.3.3 Cholesky 分解与平方根法

如果 $\boldsymbol{A}\in\mathbb{R}^{n\times n}$ 是对称正定矩阵,则其顺序主子式 $\Delta_i>0(i=1,2,\cdots,n)$,故知 $\boldsymbol{A}=\boldsymbol{LU}$ 的分解是存在惟一的,且 $u_{ii}>0$,从而有

$$\boldsymbol{U}=\begin{bmatrix} u_{11} & u_{12} & \cdots & u_{1n} \\ & u_{22} & \cdots & u_{2n} \\ & & \ddots & \vdots \\ & & & u_{nn} \end{bmatrix}$$

$$=\begin{bmatrix} u_{11} & & & \\ & u_{22} & & \\ & & \ddots & \\ & & & u_{nn} \end{bmatrix}\begin{bmatrix} 1 & \dfrac{u_{12}}{u_{11}} & \cdots & \dfrac{u_{1n}}{u_{11}} \\ & 1 & \cdots & \dfrac{u_{2n}}{u_{22}} \\ & & \ddots & \vdots \\ & & & 1 \end{bmatrix}=\boldsymbol{D}\widetilde{\boldsymbol{U}}.$$

这里 $\boldsymbol{D}=\text{diag}(d_1,d_2,\cdots,d_n)=\text{diag}(u_{11},u_{22},\cdots,u_{nn})$. 因为 $\boldsymbol{LU}=\boldsymbol{A}=\boldsymbol{A}^{\mathrm{T}}=\widetilde{\boldsymbol{U}}^{\mathrm{T}}(\boldsymbol{DL})^{\mathrm{T}}$ 及 $\widetilde{\boldsymbol{U}}$ 为单位上三角矩阵, 故 $\widetilde{\boldsymbol{U}}^{\mathrm{T}}=\boldsymbol{L}$, 于是 $\boldsymbol{A}$ 可惟一分解为

$$\boldsymbol{A}=\boldsymbol{LDL}^{\mathrm{T}}.$$

另外, 由于 $d_i>0$, 故

$$\boldsymbol{D}=\begin{bmatrix} d_1 & & & \\ & d_2 & & \\ & & \ddots & \\ & & & d_n \end{bmatrix}$$

$$=\begin{bmatrix} \sqrt{d_1} & & & \\ & \sqrt{d_2} & & \\ & & \ddots & \\ & & & \sqrt{d_n} \end{bmatrix}\begin{bmatrix} \sqrt{d_1} & & & \\ & \sqrt{d_2} & & \\ & & \ddots & \\ & & & \sqrt{d_n} \end{bmatrix}=\boldsymbol{D}^{1/2}\boldsymbol{D}^{1/2},$$

于是

$$\boldsymbol{A}=\boldsymbol{LDL}^{\mathrm{T}}=\boldsymbol{LD}^{1/2}\boldsymbol{D}^{1/2}\boldsymbol{L}^{\mathrm{T}}=(\boldsymbol{LD}^{1/2})(\boldsymbol{LD}^{1/2})^{\mathrm{T}}=\boldsymbol{L}_1\boldsymbol{L}_1^{\mathrm{T}},$$

其中 $\boldsymbol{L}_1=\boldsymbol{LD}^{1/2}$ 为下三角矩阵. 从而有下面的结论.

定理 3.4 如果 $\boldsymbol{A}\in\mathbb{R}^{n\times n}$ 为对称正定矩阵, 则存在一个实的非奇异下三角矩阵 $\boldsymbol{L}$ 使得 $\boldsymbol{A}=\boldsymbol{LL}^{\mathrm{T}}$, 当限定 $\boldsymbol{L}$ 的对角元素 $l_{ii}>0$ $(i=1,2,\cdots,n)$ 时, 这种分解是惟一的. 称这种分解为对称正定矩阵的 Cholesky 分解.

利用矩阵乘法规则可直接求出 $\boldsymbol{L}$ 的元素. 由

$$\boldsymbol{A}=\begin{bmatrix} a_{11} & a_{12} & \cdots & a_{1n} \\ a_{21} & a_{22} & \cdots & a_{2n} \\ \vdots & \vdots & & \vdots \\ a_{n1} & a_{n2} & \cdots & a_{nn} \end{bmatrix}=\begin{bmatrix} l_{11} & & & \\ l_{21} & l_{22} & & \\ \vdots & \vdots & \ddots & \\ l_{n1} & l_{n2} & \cdots & l_{nn} \end{bmatrix}\begin{bmatrix} l_{11} & l_{21} & \cdots & l_{n1} \\ & l_{22} & \cdots & l_{n2} \\ & & \ddots & \vdots \\ & & & l_{nn} \end{bmatrix},$$

其中 $l_{ii}>0(i=1,2,\cdots,n)$, $l_{jk}=0$(当 $j<k$), 则得

$$a_{ij}=\sum_{k=1}^{n}l_{ik}l_{jk}=\sum_{k=1}^{j-1}l_{ik}l_{jk}+l_{ij}l_{jj},\quad i=j,j+1,\cdots,n.$$

当 $i=j$ 时,有

$$l_{jj}=\left(a_{jj}-\sum_{k=1}^{j-1}l_{jk}^{2}\right)^{1/2},\quad j=1,2,\cdots,n;\qquad(3.3.14)$$

当 $i>j$ 时,得

$$l_{ij}=\left(a_{ij}-\sum_{k=1}^{j-1}l_{ik}l_{jk}\right)/l_{jj},\quad i=j+1,\cdots,n.\qquad(3.3.15)$$

注意当 $j=1$ 时 $l_{11}=\sqrt{a_{11}}$, $l_{i1}=\dfrac{a_{i1}}{l_{11}}(i=2,3,\cdots,n)$,再由(3.3.14)式及(3.3.15)式逐列求 $\boldsymbol{L}$ 的元素 l_{ij},然后再解方程组 $\boldsymbol{L}\boldsymbol{L}^{\mathrm{T}}\boldsymbol{x}=\boldsymbol{b}$,先由 $\boldsymbol{L}\boldsymbol{y}=\boldsymbol{b}$ 求 $\boldsymbol{y}$,再由 $\boldsymbol{L}^{\mathrm{T}}\boldsymbol{x}=\boldsymbol{y}$ 求 $\boldsymbol{x}$,其计算公式为

$$y_1=b_1/l_{11},\quad y_i=\left(b_i-\sum_{k=1}^{i-1}l_{ik}\right)/l_{ii},\quad i=2,3,\cdots,n;\qquad(3.3.16)$$

$$x_n=y_n/l_{nn},\quad x_i=\left(y_i-\sum_{k=i+1}^{n}l_{ki}x_k\right)/l_{ii},\quad i=n-1,\cdots,2,1.$$

(3.3.17)

这就是求解对称正定方程组的平方根法.其计算量约为 Doolittle 分解的一半.另外,由(3.3.14)式知

$$a_{jj}=\sum_{k=1}^{j}l_{jk}^{2},\quad j=1,2,\cdots,n.$$

所以

$$l_{jk}^{2}\leqslant a_{jj}\leqslant\max_{1\leqslant j\leqslant n}\{a_{jj}\},$$

于是

$$\max_{1\leqslant j,k\leqslant n}|l_{jk}|\leqslant\max_{1\leqslant j\leqslant n}\{\sqrt{a_{jj}}\}.$$

它表明矩阵 $\boldsymbol{L}$ 中的元素 l_{ik} 的数量级不增长,因此平方根法是计算稳定的.

例 3.5　用平方根法求解方程组

$$\begin{bmatrix} 4 & -1 & 1 \\ -1 & 4.25 & 2.75 \\ 1 & 2.75 & 3.5 \end{bmatrix}\begin{bmatrix} x_1 \\ x_2 \\ x_3 \end{bmatrix}=\begin{bmatrix} 6 \\ -0.5 \\ 1.25 \end{bmatrix}.$$

解

$$A=\begin{bmatrix} 4 & -1 & 1 \\ -1 & 4.25 & 2.75 \\ 1 & 2.75 & 3.5 \end{bmatrix},\quad \Delta_1=4>0,$$

$$\Delta_2=\begin{vmatrix} 4 & -1 \\ -1 & 4.25 \end{vmatrix}=16>0,\quad \Delta_3=\det A=16>0.$$

故 A 对称正定. 由 Cholesky 分解求得

$$L=\begin{bmatrix} 2 & & \\ -0.5 & 2 & \\ 0.5 & 1.5 & 1 \end{bmatrix}.$$

由 $Ly=b$ 解得　　　$y=(3,0.5,-1)^{\mathrm{T}}$.

再由 $L^{\mathrm{T}}x=y$ 解得　　$x=(2,1,-1)^{\mathrm{T}}$.

3.4　向量与矩阵范数

为了对算法进行分析,需对向量 $x\in\mathbb{R}^n$ 及矩阵 $A\in\mathbb{R}^{n\times n}$ 的“大小”引进一种度量,这就要定义范数,它是向量“长度”概念的直接推广,范数是进行误差分析的工具,也是迭代法收敛性分析的工具.

3.4.1　向量范数

定义 3.1　如果向量 $x\in\mathbb{R}^n$ 的某个实值函数 $N(x)$,记作 $\|x\|$,满足下列条件:

(1) $\|x\|\geqslant 0$,当且仅当 $x=0$ 时等号成立(正定性);

(2) $\| \alpha \boldsymbol{x} \| = |\alpha| \| \boldsymbol{x} \|$, $\alpha \in \mathbb{R}$（齐次性）；

(3) $\| \boldsymbol{x} + \boldsymbol{y} \| \leqslant \| \boldsymbol{x} \| + \| \boldsymbol{y} \|$（三角不等式）.

则称 $N(\boldsymbol{x}) = \| \boldsymbol{x} \|$ 是$\mathbb{R}^n$上的一个向量范数.

根据定义容易验证常用的 3 种向量范数

$$\| \boldsymbol{x} \|_1 = \sum_{i=1}^{n} | x_i | \qquad \text{（称为 1- 范数），}$$

$$\| \boldsymbol{x} \|_2 = \left(\sum_{i=1}^{n} x_i^2 \right)^{1/2} \qquad \text{（称为 2- 范数），}$$

$$\| \boldsymbol{x} \|_\infty = \max_{1 \leqslant i \leqslant n} | x_i | \qquad \text{（称为} \infty \text{- 范数），}$$

均满足定义 3.1 中的 3 个条件. 更一般地可定义

$$\| \boldsymbol{x} \|_p = \left(\sum_{i=1}^{n} | x_i |^p \right)^{1/p},$$

其中 $1 \leqslant p < \infty$，$p = 1, 2$ 及 $p \to \infty$ 就是最常用的 3 种向量范数.

例如给定 $\boldsymbol{x} = (1, 2, -3)^{\mathrm{T}}$，则可求出 $\| \boldsymbol{x} \|_1 = 6$，$\| \boldsymbol{x} \|_2 = \sqrt{14}$，$\| \boldsymbol{x} \|_\infty = 3$.

范数有很多重要性质，首先可证明：若 $N(\boldsymbol{x}) = \| \boldsymbol{x} \|$ 是$\mathbb{R}^n$上任一种范数，则 $N(\boldsymbol{x})$ 是向量 $\boldsymbol{x}$ 的分量 $x_1, x_2, \cdots, x_n$ 的连续函数. 其次可得到下面的结论.

定理 3.5 设 $\| \cdot \|_s$ 与 $\| \cdot \|_t$ 是$\mathbb{R}^n$上任意两种向量范数，则存在常数 $C_1 \geqslant C_2 > 0$，使

$$C_1 \| \boldsymbol{x} \|_s \geqslant \| \boldsymbol{x} \|_t \geqslant C_2 \| \boldsymbol{x} \|_s. \tag{3.4.1}$$

此不等式称为向量范数的等价性.

3.4.2 矩阵范数

矩阵 $\boldsymbol{A} = (a_{ij}) \in \mathbb{R}^{n \times n}$ 可看成 $n \times n$ 维向量，如果直接将向量的 2-范数用于矩阵 $\boldsymbol{A}$，则可定义

$$F(\boldsymbol{A}) = \| \boldsymbol{A} \|_{\mathrm{F}} = \left(\sum_{i,j=1}^{n} a_{ij}^2 \right)^{1/2}, \tag{3.4.2}$$

称为矩阵 $\boldsymbol{A}$ 的 Frobenius 范数,简称 F-范数.它显然满足向量范数的 3 条性质,但由于矩阵还有乘法运算,因此矩阵范数的定义中应增加新条件.

定义 3.2 如果 $\boldsymbol{A}=(a_{ij})\in\mathbb{R}^{n\times n}$ 的某个非负实函数 $N(\boldsymbol{A})$,记作 $\|\boldsymbol{A}\|$,满足条件:

(1) $\|\boldsymbol{A}\|\geqslant 0$,当且仅当 $\boldsymbol{A}=\boldsymbol{0}$(零矩阵)时等号成立;

(2) $\|\alpha\boldsymbol{A}\|=|\alpha|\,\|\boldsymbol{A}\|,\quad \alpha\in\mathbb{R}$;

(3) $\|\boldsymbol{A}+\boldsymbol{B}\|\leqslant\|\boldsymbol{A}\|+\|\boldsymbol{B}\|,\qquad \boldsymbol{B}\in\mathbb{R}^{n\times n}$;

(4) $\|\boldsymbol{AB}\|\leqslant\|\boldsymbol{A}\|\|\boldsymbol{B}\|,\qquad \boldsymbol{B}\in\mathbb{R}^{n\times n}$.

则称 $N(\boldsymbol{A})=\|\boldsymbol{A}\|$ 为 $\mathbb{R}^{n\times n}$ 上的一种矩阵范数.

可以验证 $\|\boldsymbol{A}\|_{\mathrm{F}}$ 满足定义中的 4 个条件,故 $\|\boldsymbol{A}\|_{\mathrm{F}}$ 是一种矩阵范数.

在引进矩阵范数时还应考虑矩阵与向量相乘,即 $\boldsymbol{Ax}$ 的范数必须满足条件

$$\|\boldsymbol{Ax}\|\leqslant\|\boldsymbol{A}\|\,\|\boldsymbol{x}\|. \tag{3.4.3}$$

称其为相容性条件.满足此条件的矩阵范数可定义如下.

定义 3.3 设 $\boldsymbol{x}\in\mathbb{R}^n$,$\boldsymbol{A}\in\mathbb{R}^{n\times n}$,当给定某种向量范数 $\|\cdot\|_v$ 时,可定义

$$\|\boldsymbol{A}\|_v=\max_{\boldsymbol{x}\neq\boldsymbol{0}}\frac{\|\boldsymbol{Ax}\|_v}{\|\boldsymbol{x}\|_v}, \tag{3.4.4}$$

称其为矩阵的从属范数或算子范数.

此定义是通过向量范数 $\|\cdot\|_v$ 求得矩阵范数 $\|\boldsymbol{A}\|_v$. 由于

$$\|\boldsymbol{A}\|_v=\max_{\boldsymbol{x}\neq\boldsymbol{0}}\frac{\|\boldsymbol{Ax}\|_v}{\|\boldsymbol{x}\|_v}\geqslant\frac{\|\boldsymbol{Ax}\|_v}{\|\boldsymbol{x}\|_v},$$

故它满足条件(3.4.3).另外,还应证明由(3.4.4)式定义的 $\|\boldsymbol{A}\|_v$ 满足定义 3.2 的 4 个条件.下面只验证(1)、(4)两条,(2)、(3)条是显然的.

如果 $\boldsymbol{A}=\boldsymbol{0}$(零矩阵),则对 $\forall\,\boldsymbol{x}\neq\boldsymbol{0}$ 有 $\|\boldsymbol{Ax}\|_v=0$,故 $\|\boldsymbol{A}\|_v=$

0. 反之，如果 $\|A\|_\nu=0$，则

$$0=\|A\|_\nu=\max_{x\neq 0}\frac{\|Ax\|_\nu}{\|x\|_\nu}\geqslant\frac{\|Ax\|_\nu}{\|x\|_\nu}\geqslant 0,$$

对 $\forall\, x\neq 0$ 都有 $\|Ax\|_\nu=0$，故 $Ax=0$ 对 $\forall\, x\neq 0$ 成立. 由此只能有 $A=0$（零矩阵），条件(1)得证.

设 $A,B\in\mathbb{R}^{n\times n}$，$x\in\mathbb{R}^n$，由相容性条件得

$$\|A(Bx)\|_\nu\leqslant\|A\|_\nu\|Bx\|_\nu\leqslant\|A\|_\nu\|B\|_\nu\|x\|_\nu.$$

故对 $\forall\, x\neq 0$ 都有

$$\|AB\|_\nu=\max_{x\neq 0}\frac{\|(AB)x\|_\nu}{\|x\|_\nu}\leqslant\|A\|_\nu\|B\|_\nu.$$

于是有下面的定理.

定理 3.6 设 $x\in\mathbb{R}^n$，$A\in\mathbb{R}^{n\times n}$，$\|x\|_\nu$ 是 $\mathbb{R}^n$ 上的一种范数，则由(3.4.4)式定义的 $\|A\|_\nu$ 是一种矩阵范数，且满足相容性条件(3.4.3).

定理 3.7 设 $x\in\mathbb{R}^n$，$A=(a_{ij})\in\mathbb{R}^{n\times n}$，则

$$\|A\|_\infty=\max_{1\leqslant i\leqslant n}\sum_{j=1}^{n}|a_{ij}| \qquad (A\text{ 的行范数});$$

$$\|A\|_1=\max_{1\leqslant j\leqslant n}\sum_{i=1}^{n}|a_{ij}| \qquad (A\text{ 的列范数});$$

$$\|A\|_2=\sqrt{\lambda_{\max}(A^{\mathrm T}A)} \qquad (A\text{ 的 2 范数}).$$

定理证明略.

例 3.6 给定 $A=\begin{bmatrix}1 & -2\\ -3 & 4\end{bmatrix}$，求 $\|A\|_\infty$，$\|A\|_1$，$\|A\|_2$ 及 $\|A\|_F$.

解 $\|A\|_\infty=7$，$\|A\|_1=6$，$\|A\|_F=\sqrt{30}\approx 5.477$.

$$A^{\mathrm T}A=\begin{bmatrix}10 & -14\\ -14 & 20\end{bmatrix},$$

$$\det(\lambda \boldsymbol{I}-\boldsymbol{A}^{\mathrm{T}}\boldsymbol{A})=\begin{vmatrix}\lambda-10 & 14\\ 14 & \lambda-20\end{vmatrix}$$
$$=\lambda^2-30\lambda+4=0,$$

求得 $\lambda_{1,2}=15\pm\sqrt{221}$，$\|\boldsymbol{A}\|_2=\sqrt{29.866}\approx5.465$.

由定义及定理 3.7 可知计算 $\|\boldsymbol{A}\|_\infty$，$\|\boldsymbol{A}\|_1$ 及 $\|\boldsymbol{A}\|_F$ 比较容易，而计算 $\|\boldsymbol{A}\|_2$ 需要求矩阵 $\boldsymbol{A}^{\mathrm{T}}\boldsymbol{A}$ 的特征值，计算较困难，但当 $\boldsymbol{A}$ 为对称矩阵时，有

$$\|\boldsymbol{A}\|_2=\sqrt{\lambda_{\max}(\boldsymbol{A}^{\mathrm{T}}\boldsymbol{A})}=\sqrt{\lambda_{\max}(\boldsymbol{A}^2)}=\sqrt{\lambda_{\max}^2(\boldsymbol{A})}=\rho(\boldsymbol{A}).$$

这里 $\rho(\boldsymbol{A})$ 为矩阵 $\boldsymbol{A}$ 的谱半径.

根据特征值定义有 $\boldsymbol{Ax}=\lambda\boldsymbol{x}$，其中 $\boldsymbol{x}\neq\boldsymbol{0}$ 为特征向量，从而得 $\|\lambda\boldsymbol{x}\|=|\lambda|\,\|\boldsymbol{x}\|\leqslant\|\boldsymbol{A}\|\|\boldsymbol{x}\|$，故 $|\lambda|\leqslant\|\boldsymbol{A}\|$，于是

$$\rho(\boldsymbol{A})=\max|\lambda(\boldsymbol{A})|\leqslant\|\boldsymbol{A}\|.$$

矩阵范数还有以下重要性质.

定理 3.8（矩阵范数等价性）　对 $\mathbb{R}^{n\times n}$ 上的任意两种矩阵范数 $\|\cdot\|_s$ 及 $\|\cdot\|_t$，存在常数 $C_1\geqslant C_2>0$，使

$$C_1\|\boldsymbol{A}\|_s\geqslant\|\boldsymbol{A}\|_t\geqslant C_2\|\boldsymbol{A}\|_s. \tag{3.4.5}$$

例如可以证明，当 $\boldsymbol{A}\in\mathbb{R}^{n\times n}$ 时，有

$$\frac{1}{\sqrt{n}}\|\boldsymbol{A}\|_F\leqslant\|\boldsymbol{A}\|_2\leqslant\|\boldsymbol{A}\|_F. \tag{3.4.6}$$

定理 3.9　设 $\boldsymbol{B}\in\mathbb{R}^{n\times n}$ 且 $\|\boldsymbol{B}\|<1$，则 $\boldsymbol{I}-\boldsymbol{B}$ 非奇异，且

$$\|(\boldsymbol{I}-\boldsymbol{B})^{-1}\|\leqslant\frac{1}{1-\|\boldsymbol{B}\|}. \tag{3.4.7}$$

本节有关定理的证明可参见文献[2].

3.5　病态条件与误差分析

在第 1 章我们已经指出任何一类数值问题都要区分问题本身的“好坏”，也就是考察它对于“微小”变化（即舍入误差）是否敏感，

对于线性方程组

$$Ax = b, \tag{3.5.1}$$

若 A 与 b 有“微小”误差对解 x 的影响不大(即不敏感,就是“好”的方程组.反之就是“坏”问题,称为病态问题.对线性方程组,如果 $\det A \neq 0$,但它近似 0,则此方程组一定是病态的(见例 1.5).但有时矩阵 A 表面上看性质很好,如 A 是正定对称的,也同样可能是病态的.先看下面的例子.

例 3.7 给定线性方程组

$$Ax = \begin{bmatrix} 10 & 7 & 8 & 7 \\ 7 & 5 & 6 & 5 \\ 8 & 6 & 10 & 9 \\ 7 & 5 & 9 & 10 \end{bmatrix} \begin{bmatrix} x_1 \\ x_2 \\ x_3 \\ x_4 \end{bmatrix} = \begin{bmatrix} 22 \\ 23 \\ 33 \\ 31 \end{bmatrix},$$

它的精确解 $x^* = (1,1,1,1)^T$,且 $\det A = 1$,A 的特征值为 $\lambda_1 \approx 30.288$,$\lambda_2 \approx 3.858$,$\lambda_3 \approx 0.8431$,$\lambda_4 \approx 0.01015$,故 A 对称正定.现在对右端项元素作“微小”变化,方程组变为

$$A(x + \delta x) = (32.1, 22.9, 33.1, 30.9)^T,$$

则解 $x + \delta x = (9.2, -12.6, 4.5, -1.1)^T$.如果对矩阵元素作“微小”改变.考虑

$$(A + \delta A)(x + \delta x) = \begin{bmatrix} 10 & 7 & 8.1 & 7.2 \\ 7.08 & 5.04 & 6 & 5 \\ 8 & 5.98 & 9.89 & 9 \\ 6.99 & 4.99 & 9 & 9.98 \end{bmatrix} \begin{bmatrix} x_1 + \delta x_1 \\ x_2 + \delta x_2 \\ x_3 + \delta x_3 \\ x_4 + \delta x_4 \end{bmatrix}$$

$$= \begin{bmatrix} 32 \\ 23 \\ 33 \\ 31 \end{bmatrix},$$

则它的解 $x + \delta x = (-81, 137, -34, 22)^T$.注意,这里给出的是精确解,与数值算法无关,它表明 A 或 b 有“微小”变化后解的误差

很大,故方程是病态的. 那么如何判断矩阵 $\boldsymbol{A}$ 是否病态? 可先给出下面的定义.

定义 3.4　设 $\boldsymbol{A}\in\mathbb{R}^{n\times n}$ 非奇异, $\|\cdot\|$ 为矩阵的任意一种从属范数,则称

$$\mathrm{cond}(\boldsymbol{A}) = \|\boldsymbol{A}\|\|\boldsymbol{A}^{-1}\| \tag{3.5.2}$$

为矩阵 $\boldsymbol{A}$ 的条件数.

从定义看到矩阵条件数依赖于范数的选取. 它有以下性质:

(1) $\mathrm{cond}(\boldsymbol{A})\geqslant 1$,　$\mathrm{cond}(\boldsymbol{A})=\mathrm{cond}(\boldsymbol{A}^{-1})$;

(2) $\mathrm{cond}(\alpha\boldsymbol{A})=\mathrm{cond}(\boldsymbol{A})$,　$\alpha\in\mathbb{R}$, $\alpha\neq 0$.

(3) 若 λ_1 与 λ_n 为 $\boldsymbol{A}$ 的按模最大与最小的特征值,则

$$\mathrm{cond}(\boldsymbol{A}) \geqslant \frac{|\lambda_1|}{|\lambda_n|}.$$

若 $\boldsymbol{A}$ 对称,则对矩阵 2 范数有 $\mathrm{cond}(\boldsymbol{A})_2=\dfrac{|\lambda_1|}{|\lambda_n|}$.

下面考虑扰动线性方程组解的误差分析,先考察 $\boldsymbol{b}$ 有扰动 $\delta\boldsymbol{b}$,则线性方程组(3.5.1)的扰动方程为

$$\boldsymbol{A}(\boldsymbol{x}+\delta\boldsymbol{x}) = \boldsymbol{b}+\delta\boldsymbol{b},\quad \boldsymbol{b}\neq\boldsymbol{0}.$$

与原方程 $\boldsymbol{A}\boldsymbol{x}=\boldsymbol{b}$ 比较得

$$\boldsymbol{A}\delta\boldsymbol{x} = \delta\boldsymbol{b},$$

于是

$$\delta\boldsymbol{x} = \boldsymbol{A}^{-1}(\delta\boldsymbol{b}),\quad \|\delta\boldsymbol{x}\| \leqslant \|\boldsymbol{A}^{-1}\|\|\delta\boldsymbol{b}\|.$$

另一方面由线性方程组(3.5.1)得

$$\|\boldsymbol{A}\|\|\boldsymbol{x}\| \geqslant \|\boldsymbol{A}\boldsymbol{x}\| = \|\boldsymbol{b}\|,$$

即

$$\frac{1}{\|\boldsymbol{x}\|} \leqslant \frac{\|\boldsymbol{A}\|}{\|\boldsymbol{b}\|}.$$

于是得

$$\frac{\|\delta\boldsymbol{x}\|}{\|\boldsymbol{x}\|} \leqslant \|\boldsymbol{A}\|\|\boldsymbol{A}^{-1}\|\frac{\|\delta\boldsymbol{b}\|}{\|\boldsymbol{b}\|} = \mathrm{cond}(\boldsymbol{A})\frac{\|\delta\boldsymbol{b}\|}{\|\boldsymbol{b}\|}. \tag{3.5.3}$$

显然,矩阵 $\boldsymbol{A}$ 的条件数 $\mathrm{cond}(\boldsymbol{A})$ 越小,线性方程组(3.5.1)右端扰动引起解的变化误差越小.

下面再考察方程组系数矩阵 $\boldsymbol{A}$ 有扰动 $\delta\boldsymbol{A}$ 时所引起解的变化,此时扰动方程为

$$(\boldsymbol{A}+\delta\boldsymbol{A})(\boldsymbol{x}+\delta\boldsymbol{x})=\boldsymbol{b}.$$

由此可得

$$(\boldsymbol{A}+\delta\boldsymbol{A})\delta\boldsymbol{x}=-(\delta\boldsymbol{A})\boldsymbol{x}. \tag{3.5.4}$$

因 $\boldsymbol{A}^{-1}$ 存在,故

$$(\boldsymbol{A}+\delta\boldsymbol{A})=\boldsymbol{A}(\boldsymbol{I}+\boldsymbol{A}^{-1}\delta\boldsymbol{A}).$$

若假定 $\|\boldsymbol{A}^{-1}\delta\boldsymbol{A}\|<\|\boldsymbol{A}^{-1}\|\|\delta\boldsymbol{A}\|<1$,则由定理 3.9 可知 $(\boldsymbol{I}+\boldsymbol{A}^{-1}\delta\boldsymbol{A})$ 非奇异,且

$$\|(\boldsymbol{I}+\boldsymbol{A}^{-1}\delta\boldsymbol{A})^{-1}\|\leqslant\frac{1}{1-\|\boldsymbol{A}^{-1}\|\|\delta\boldsymbol{A}\|}.$$

于是由(3.5.4)式可解得

$$\delta\boldsymbol{x}=-(\boldsymbol{A}+\delta\boldsymbol{A})^{-1}(\delta\boldsymbol{A})\boldsymbol{x}=(\boldsymbol{I}+\boldsymbol{A}^{-1}\delta\boldsymbol{A})^{-1}\boldsymbol{A}^{-1}(-\delta\boldsymbol{A})\boldsymbol{x}.$$

取范数得

$$\|\delta\boldsymbol{x}\|\leqslant\|(\boldsymbol{I}+\boldsymbol{A}^{-1}\delta\boldsymbol{A})^{-1}\|\|\boldsymbol{A}^{-1}\|\|\delta\boldsymbol{A}\|\|\boldsymbol{x}\|,$$

即

$$\frac{\|\delta\boldsymbol{x}\|}{\|\boldsymbol{x}\|}\leqslant\frac{\|\boldsymbol{A}^{-1}\|\|\delta\boldsymbol{A}\|}{1-\|\boldsymbol{A}^{-1}\|\|\delta\boldsymbol{A}\|}=\frac{\mathrm{cond}(\boldsymbol{A})\dfrac{\|\delta\boldsymbol{A}\|}{\|\boldsymbol{A}\|}}{1-\mathrm{cond}(\boldsymbol{A})\dfrac{\|\delta\boldsymbol{A}\|}{\|\boldsymbol{A}\|}}. \tag{3.5.5}$$

综合(3.5.3)式及(3.5.5)式的结果可得下面的结论.

定理 3.10 设 $\boldsymbol{A}\in\mathbb{R}^{n\times n}$ 非奇异,$\boldsymbol{b}\neq\boldsymbol{0}$,$\boldsymbol{x}$ 是线性方程组(3.5.1)的解,$\boldsymbol{x}+\delta\boldsymbol{x}$ 是扰动方程组 $(\boldsymbol{A}+\delta\boldsymbol{A})(\boldsymbol{x}+\delta\boldsymbol{x})=\boldsymbol{b}+\delta\boldsymbol{b}$ 的解,如果 $\|\boldsymbol{A}^{-1}\|\|\delta\boldsymbol{A}\|<1$,则有误差估计

$$\frac{\|\delta\boldsymbol{x}\|}{\|\boldsymbol{x}\|}\leqslant\frac{\mathrm{cond}(\boldsymbol{A})}{1-\mathrm{cond}(\boldsymbol{A})\dfrac{\|\delta\boldsymbol{A}\|}{\|\boldsymbol{A}\|}}\left(\frac{\|\delta\boldsymbol{A}\|}{\|\boldsymbol{A}\|}+\frac{\|\delta\boldsymbol{b}\|}{\|\boldsymbol{b}\|}\right). \tag{3.5.6}$$

此定理包含了(3.5.3)式及(3.5.5)式两种特例. 当 $\delta\boldsymbol{A}=\boldsymbol{0}$ 时则得(3.5.3)式,当 $\delta\boldsymbol{b}=\boldsymbol{0}$ 时则得(3.5.5)式,实际使用时由于 $\|\delta\boldsymbol{A}\|$ 很小,故定理中的条件 $\|\boldsymbol{A}^{-1}\|\,\|\delta\boldsymbol{A}\|<1$ 是可以成立的,从定理知矩阵 $\boldsymbol{A}$ 的条件数 $\mathrm{cond}(\boldsymbol{A})$ 越大,解的误差越大. 故当 $\mathrm{cond}(\boldsymbol{A})\gg 1$ 时方程组为病态,相应矩阵 $\boldsymbol{A}$ 称为病态矩阵. 在例 3.7 中的方程组的系数矩阵 $\boldsymbol{A}$,其条件数为

$$\mathrm{cond}(\boldsymbol{A})_2=\frac{\lambda_1}{\lambda_4}\approx 2984.$$

例中 $\delta\boldsymbol{b}=(0.1,-0.1,0.1,-0.1)^{\mathrm{T}}$, $\boldsymbol{b}=(32,23,33,31)^{\mathrm{T}}$, $\delta\boldsymbol{x}=(8.2,-13.6,3.5,-2.1)^{\mathrm{T}}$,实际相对误差

$$\frac{\|\delta\boldsymbol{x}\|_2}{\|\boldsymbol{x}\|_2}=\frac{16.39695}{2}=8.1985.$$

用(3.5.3)式的估计式可得

$$\frac{\|\delta\boldsymbol{x}\|_2}{\|\boldsymbol{x}\|_2}\leqslant \mathrm{cond}(\boldsymbol{A})_2\frac{\|\delta\boldsymbol{b}\|_2}{\|\boldsymbol{b}\|_2}\approx 9.943,$$

与实际误差相差不大,根据 $\mathrm{cond}(\boldsymbol{A})_2$ 的大小,可知相对误差放大了约 3000 倍. 故方程组是病态的.

例 3.8　Hilbert 矩阵是一个著名的病态矩阵,其形式为

$$\boldsymbol{H}_n=\begin{bmatrix}1 & \frac{1}{2} & \cdots & \frac{1}{n}\\ \frac{1}{2} & \frac{1}{3} & \cdots & \frac{1}{n+1}\\ \vdots & \vdots & & \vdots\\ \frac{1}{n} & \frac{1}{n+1} & \cdots & \frac{1}{2n-1}\end{bmatrix},$$

它是一个对称矩阵,当 $n\geqslant 3$ 时是病态矩阵, $\|\boldsymbol{H}_3\|_\infty=\dfrac{11}{6}$,

$$\boldsymbol{H}_3^{-1}=\begin{bmatrix}9 & -36 & 30\\ -36 & 192 & -180\\ 30 & -180 & 180\end{bmatrix},\quad \|\boldsymbol{H}_3^{-1}\|_\infty=408.$$

于是 $\text{cond}(\boldsymbol{H}_3)_\infty = \|\boldsymbol{H}_3\|_\infty \|\boldsymbol{H}_3^{-1}\|_\infty = 748$.

通过 MATLAB 中的函数 cond(·)可求出 $\boldsymbol{H}_n$ 的条件数，可以看出它们是严重病态的，且 n 越大 $\text{cond}(\boldsymbol{H}_n)$ 也越大.

在求解线性方程组(3.5.1)时，$\boldsymbol{b}\neq\boldsymbol{0}$. 实际求得的解 $\bar{\boldsymbol{x}}$ 代回原方程组并不精确成立，记剩余向量为 $\boldsymbol{r}=\boldsymbol{b}-\boldsymbol{A}\bar{\boldsymbol{x}}\neq\boldsymbol{0}$，则 $\boldsymbol{A}(\boldsymbol{x}-\bar{\boldsymbol{x}})=\boldsymbol{r}$，于是 $\boldsymbol{x}-\bar{\boldsymbol{x}}=\boldsymbol{A}^{-1}\boldsymbol{r}$，从而有

$$\|\boldsymbol{x}-\bar{\boldsymbol{x}}\| \leqslant \|\boldsymbol{A}^{-1}\|\,\|\boldsymbol{r}\|,$$

而 $\dfrac{1}{\|\boldsymbol{x}\|}\leqslant\dfrac{\|\boldsymbol{A}\|}{\|\boldsymbol{b}\|}$，于是有

$$\frac{\|\boldsymbol{x}-\bar{\boldsymbol{x}}\|}{\|\boldsymbol{x}\|} \leqslant \frac{\|\boldsymbol{A}\|\,\|\boldsymbol{A}^{-1}\|}{\|\boldsymbol{b}\|}\|\boldsymbol{r}\| = \text{cond}(\boldsymbol{A})\frac{\|\boldsymbol{b}-\boldsymbol{A}\bar{\boldsymbol{x}}\|}{\|\boldsymbol{b}\|} \tag{3.5.7}$$

为方程组解的事后误差估计. 如果方程组是病态的，即 $\text{cond}(\boldsymbol{A})$ 很大，那么即使剩余向量的范数 $\|\boldsymbol{r}\|$ 很小，解的相对误差仍可能很大.

评　注

解线性方程组的直接法主要是 Gauss 消去法，矩阵的三角分解可看作是它的变形，列主元消去法可减少舍入误差增长，是解良态线性方程组的有效算法，它适用于求解中小型规模的线性方程组. 如果 Gauss 消去法给出很坏的结果，说明线性方程组不是良态的. 误差分析、条件数与病态线性方程组是比较重要的概念，本章只做简单介绍，进一步讨论可参见文献[2,8].

对称正定方程组采用平方根法较为适宜，它保证算法稳定，在科学计算中使用较广泛. 解三对角线性方程组的追赶法是将求解过程分解为下、上二对角线性方程组，划分为一追一赶两个环节，方法简单，计算量少，算法稳定，也是广泛使用的有效方法.

直接法是 MATLAB 中用于解线性方程组的基本算法.求解线性方程组的标准软件包是 LINPACK[9],在此基础上发展的另一个新软件包为 LAPACK[10],其功能更丰富,程序更稳定、高效和准确.

复习与思考题

1. 用 Gauss 消去法解线性方程组为什么要选主元?哪些方程组可以不选主元?

2. Gauss 消去法与 LU 分解有什么关系?为什么说平方根法是计算稳定的?

3. 三对角线性方程组满足什么条件才能使追赶法求得其惟一解并保证计算稳定?

4. 何谓向量范数?何谓矩阵范数?常用的向量范数和矩阵范数如何计算?

5. 什么是矩阵的条件数?如何判断方程组是病态的?

6. 判断下列命题是否正确:

(1) 只要线性方程组的系数矩阵非奇异,则用顺序 Gauss 消去法就可求出它的解;

(2) 当系数矩阵奇异或病态时,只要用主元消去法总可求出它的解;

(3) 两个上三角矩阵的乘积仍为上三角矩阵;

(4) 一个单位下三角矩阵的逆仍为单位下三角矩阵;

(5) 系数矩阵对称正定的线性方程组总是良态的;

(6) 如果一个矩阵的行列式值很小,则它一定是病态的;

(7) 范数为零的矩阵一定是零矩阵;

(8) 奇异矩阵的范数一定是零;

(9) 矩阵的条件数大,则矩阵接近奇异;

(10) 若 $\mathrm{cond}(\boldsymbol{A})=1$,则 $\mathrm{cond}(\boldsymbol{DA})=1$,其中 $\boldsymbol{D}$ 为非奇异对角矩阵.

习题与实验题

1. 用列主元消去法求解线性方程组

$$\begin{cases} 12x_1 - 3x_2 + 3x_3 = 15, \\ -18x_1 + 3x_2 - x_3 = -15, \\ x_1 + x_2 + x_3 = 6. \end{cases}$$

并求出系数矩阵 $\boldsymbol{A}$ 的行列式(即 $\det\boldsymbol{A}$)的值.

2. 用 Doolittle 分解法求线性方程组

$$\begin{cases} \frac{1}{4}x_1 + \frac{1}{5}x_2 + \frac{1}{6}x_3 = 9, \\ \frac{1}{3}x_1 + \frac{1}{4}x_2 + \frac{1}{5}x_3 = 8, \\ \frac{1}{2}x_1 + x_2 + 2x_3 = 8 \end{cases}$$

的解.

3. 给定矩阵

$$\boldsymbol{A} = \begin{bmatrix} 1 & 1 & & & \\ 1 & 2 & 1 & & \\ & 1 & 3 & 1 & \\ & & 1 & 4 & 1 \\ & & & 1 & 5 \end{bmatrix},$$

试将 $\boldsymbol{A}$ 分解为 $\boldsymbol{LDL}^{\mathrm{T}}$ 的形式,其中 $\boldsymbol{L}$ 为单位下二对角矩阵,$\boldsymbol{D}$ 为对角矩阵.

4. 设 $\boldsymbol{L}$ 为非奇异下三角矩阵.

(1) 列出求解 $\boldsymbol{Lx}=\boldsymbol{f}$ 的计算公式;

(2) 上述求解过程需要多少次乘除法运算;

(3) 给出求 $\boldsymbol{L}^{-1}$ 的计算公式.

5. 用追赶法解三对角线性方程组 $\boldsymbol{Ax}=\boldsymbol{b}$,其中

$$A=\begin{bmatrix}2&-1&&&\\-1&2&-1&&\\&-1&2&-1&\\&&-1&2&-1\\&&&-1&2\end{bmatrix},\quad b=\begin{bmatrix}1\\0\\0\\0\\0\end{bmatrix}.$$

6. 用平方根法解线性方程组

$$\begin{bmatrix}16&4&8\\4&5&-4\\8&-4&22\end{bmatrix}\begin{bmatrix}x_1\\x_2\\x_3\end{bmatrix}=\begin{bmatrix}-4\\3\\10\end{bmatrix}.$$

7. 设

$$A=\begin{bmatrix}0.6&0.5\\0.1&0.3\end{bmatrix},$$

求 $\|A\|_1$，$\|A\|_2$，$\|A\|_\infty$ 及 $\|A\|_F$.

8. 设 $x\in\mathbb{R}^n$. 证明：

(1) $\|x\|_\infty\leqslant\|x\|_1\leqslant n\|x\|_\infty$； (2) $\|x\|_\infty\leqslant\|x\|_2\leqslant\sqrt{n}\|x\|_\infty$.

9. 设 $\|x\|$ 为 $\mathbb{R}^n$ 上任一种范数，$P\in\mathbb{R}^{n\times n}$ 非奇异，定义 $\|x\|_P=\|Px\|$，证明 $\|A\|_P=\|PAP^{-1}\|$.

10. 设 $A=\begin{bmatrix}2&-1&0\\-1&2&-1\\0&-1&2\end{bmatrix}$，求 $\mathrm{cond}(A)_2$.

11. 设 $A=\begin{bmatrix}100&99\\99&88\end{bmatrix}$，求 $\mathrm{cond}(A)_\infty$.

12. 设 $A,B\in\mathbb{R}^{n\times n}$，证明：$\mathrm{cond}(AB)\leqslant\mathrm{cond}(A)\,\mathrm{cond}(B)$.

13. 实验题：给定线性方程组

(1) $$\begin{bmatrix}3.01&6.03&1.99\\1.27&4.16&-1.23\\0.987&-4.81&9.34\end{bmatrix}\begin{bmatrix}x_1\\x_2\\x_3\end{bmatrix}=\begin{bmatrix}1\\1\\1\end{bmatrix}.$$

(2) 将(1)中系数矩阵中系数 3.01 改为 3.00，0.987 改为 0.990，其他元素不变.

(3) $\begin{bmatrix} 10 & -7 & 0 & 1 \\ -3 & 2.099999 & 6 & 2 \\ 5 & -1 & 5 & -1 \\ 2 & 1 & 0 & 2 \end{bmatrix}\begin{bmatrix} x_1 \\ x_2 \\ x_3 \\ x_4 \end{bmatrix}=\begin{bmatrix} 8 \\ 5.900001 \\ 5 \\ 1 \end{bmatrix}$.

要求：(1)用 LU 分解和列主元 Gauss 消去法分别解上述 3 个方程组.

(2) 输出 $\boldsymbol{Ax}=\boldsymbol{b}$ 中系数矩阵 $\boldsymbol{A}$ 及右端向量 $\boldsymbol{b}$，$\boldsymbol{A}=\boldsymbol{LU}$ 中的 $\boldsymbol{L}$ 及 $\boldsymbol{U}$，$\det\boldsymbol{A}$ 及解向量.

(3) 输出列主元法行交换次序及解向量 $\boldsymbol{x}$ 和 $\det\boldsymbol{A}$，并与(2)的结果比较.

第 4 章 解线性方程组的迭代法

4.1 迭代公式的建立

4.1.1 Jacobi 迭代法

解线性方程组的迭代法先要构造迭代公式，它与方程求根的迭代法相似，可将线性方程组(3.1.1)改写成便于迭代的形式，先看下例.

例 4.1 给定线性方程组

$$\begin{cases} 8x_1 - 3x_2 + 2x_3 = 20, \\ 4x_1 + 11x_2 - x_3 = 33, \\ 2x_1 + x_2 + 4x_3 = 12. \end{cases} \tag{4.1.1}$$

它的精确解 $\boldsymbol{x}^* = (3,2,1)^{\mathrm{T}}$. 为了构造迭代法，可将方程改写为便于迭代的形式

$$\begin{cases} x_1 = \dfrac{1}{8}(20 + 3x_2 - 2x_3), \\ x_2 = \dfrac{1}{11}(33 - 4x_1 + x_3), \\ x_3 = \dfrac{1}{4}(12 - 2x_1 - x_2). \end{cases}$$

从而得到迭代法

$$\begin{cases} x_1^{(k+1)} = \dfrac{1}{8}(20 + 3x_2^{(k)} - 2x_3^{(k)}), \\ x_2^{(k+1)} = \dfrac{1}{11}(33 - 4x_1^{(k)} + x_3^{(k)}), \\ x_3^{(k+1)} = \dfrac{1}{4}(12 - 2x_1^{(k)} - x_2^{(k)}), \quad k = 0,1,2,\cdots \end{cases} \tag{4.1.2}$$

若取 $\boldsymbol{x}^{(0)}=(0,0,0)^{\mathrm{T}}$,逐次迭代 10 次可得

$$\boldsymbol{x}^{(10)}=(3.000032,1.999838,0.999803)^{\mathrm{T}}.$$

误差 $\|\boldsymbol{x}^{(10)}-\boldsymbol{x}^{*}\|_{\infty}=0.000197$,它表明迭代法(4.1.2)是收敛的.

对一般的线性方程组(3.1.1),可改写为如下的伪对角形式

$$a_{ii}x_i=b_i-\sum_{\substack{j=1\\j\neq i}}^{n}a_{ij}x_j,\quad i=1,2,\cdots,n.$$

若 $a_{ii}\neq 0(i=1,2,\cdots,n)$,两端除 a_{ii} 并由此构造迭代法

$$x_i^{(k+1)}=\frac{1}{a_{ii}}\Big(b_i-\sum_{j=1}^{i-1}a_{ij}x_j^{(k)}-\sum_{j=i+1}^{n}a_{ij}x_j^{(k)}\Big),$$
$$i=1,2,\cdots,n;\quad k=0,1,2,\cdots \tag{4.1.3}$$

称为解线性方程组(3.1.1)的 Jacobi 迭代法. 例 4.1 中的迭代法(4.1.2)就是解线性方程组(4.1.1)的 Jacobi 迭代法.

4.1.2 Gauss-Seidel 迭代法

在 Jacobi 迭代法(4.1.3)的公式中,计算 $x_i^{(k+1)}$ 时前面 $i-1$ 个值 $x_1^{(k+1)},\cdots,x_{i-1}^{(k+1)}$ 均已算出,如果用这些新值代替上次迭代的旧值 $x_1^{(k)},\cdots,x_{i-1}^{(k)}$,则公式(4.1.3)变成以下的迭代公式:

$$x_i^{(k+1)}=\frac{1}{a_{ii}}\Big(b_i-\sum_{j=1}^{i-1}a_{ij}x_j^{(k+1)}-\sum_{j=i+1}^{n}a_{ij}x_j^{(k)}\Big),$$
$$i=1,2,\cdots,n;\quad k=0,1,2,\cdots, \tag{4.1.4}$$

称为解线性方程组的 Gauss-Seidel 迭代法(简称 GS 法).

在计算机上用 GS 法计算与 Jacobi 方法相似,只需用新值 $x_i^{(k+1)}$ 取代 $x_i^{(k)}$ 即可,它只用一组工作单元存储 n 维解向量 $\boldsymbol{x}^{(k)}=(x_1^{(k)},\cdots,x_n^{(k)})^{\mathrm{T}}$, 每算出一个新的 $x_i^{(k+1)}$ 就顶替原单元中的 $x_i^{(k)}$,而用 Jacobi 法计算时,则需用两组长度为 n 的工作单元分别存储 $\boldsymbol{x}^{(k)}$ 及 $\boldsymbol{x}^{(k+1)}$. 另外由于 GS 法充分利用算出的新值,当 GS 法与 Jacobi 都收敛时,GS 法比 Jacobi 法收敛快.

例 4.2　用 GS 法求线性方程组(4.1.1)的解.

解　GS 法的迭代公式为

$$\begin{cases} x_1^{(k+1)} = \dfrac{1}{8}(20 + 3x_2^{(k)} - 2x_3^{(k)}), \\ x_2^{(k+1)} = \dfrac{1}{11}(33 - 4x_1^{(k+1)} + x_3^{(k)}), \\ x_3^{(k+1)} = \dfrac{1}{12}(36 - 6x_1^{(k+1)} - 3x_2^{(k+1)}), \quad k = 0,1,2,\cdots. \end{cases} \tag{4.1.5}$$

取 $\boldsymbol{x}^{(0)} = (0,0,0)^{\mathrm{T}}$，则迭代 5 次得

$$\boldsymbol{x}^{(5)} = (2.999843, 2.000072, 1.000061)^{\mathrm{T}},$$

$$\| \boldsymbol{x}^{(5)} - \boldsymbol{x}^* \|_\infty = 0.000157.$$

这个结果与 Jacobi 法迭代 10 次的结果相当，说明 GS 法比 Jacobi 法收敛快，但可以看到 Jacobi 法收敛而 GS 法不收敛或相反的情形.

4.1.3　一般迭代法的构造

为了给出求解线性方程组的一般迭代法的设计思想，可将线性方程组用矩阵形式表示为

$$\boldsymbol{A}\boldsymbol{x} = \boldsymbol{b}, \tag{4.1.6}$$

其中 $\boldsymbol{A} \in \mathbb{R}^{n\times n}$，可将 $\boldsymbol{A}$ 改写为便于迭代的形式

$$\boldsymbol{x} = \boldsymbol{B}\boldsymbol{x} + \boldsymbol{f}, \tag{4.1.7}$$

并由此构造迭代法

$$\boldsymbol{x}^{(k+1)} = \boldsymbol{B}\boldsymbol{x}^{(k)} + \boldsymbol{f}, \quad k = 0,1,2,\cdots, \tag{4.1.8}$$

其中 $\boldsymbol{B} \in \mathbb{R}^{n\times n}$ 称为迭代矩阵，对任给的初始近似 $\boldsymbol{x}^{(0)} \in \mathbb{R}^n$，由(4.1.8)式可求得向量序列 $\{\boldsymbol{x}^{(k)}\}$，若 $\lim\limits_{k\to\infty} \boldsymbol{x}^{(k)} = \boldsymbol{x}^*$，则 $\boldsymbol{x}^*$ 就是线性方程组(4.1.7)或方程组(4.1.6)的解，称迭代过程(4.1.8)是收敛的.

对方程组(4.1.6)构造迭代法的一般原则是将 $\boldsymbol{A}$ 分解为

$$\boldsymbol{A} = \boldsymbol{M} - \boldsymbol{N}, \tag{4.1.9}$$

其中 $\boldsymbol{M}$ 非奇异且容易求逆 $\boldsymbol{M}^{-1}$，则由方程组(4.1.6)可得

$$\boldsymbol{x} = \boldsymbol{M}^{-1}\boldsymbol{N}\boldsymbol{x} + \boldsymbol{M}^{-1}\boldsymbol{b} = \boldsymbol{B}\boldsymbol{x} + \boldsymbol{f}, \tag{4.1.10}$$

其中

$$\boldsymbol{B} = \boldsymbol{M}^{-1}\boldsymbol{N} = \boldsymbol{M}^{-1}(\boldsymbol{M}-\boldsymbol{A}) = \boldsymbol{I} - \boldsymbol{M}^{-1}\boldsymbol{A}, \quad \boldsymbol{f} = \boldsymbol{M}^{-1}\boldsymbol{b},$$

这是等价于方程组(4.1.6)的方程组，从而可得到迭代法(4.1.8)，将 $\boldsymbol{A}$ 按不同方式分解为(4.1.9)式，就可得到不同的迭代矩阵 $\boldsymbol{B}$，也就得到不同的迭代法. 通常为使 $\boldsymbol{M}^{-1}$ 容易得到，可取 $\boldsymbol{M}$ 为对角矩阵、三角矩阵或三对角矩阵等等，如 Jacobi 迭代(4.1.3)就是取 $\boldsymbol{M}=\boldsymbol{D}=\mathrm{diag}(a_{11},\cdots,a_{nn})$，因 $a_{ii}\neq 0(i=1,2,\cdots,n)$，$\boldsymbol{B}=\boldsymbol{I}-\boldsymbol{D}^{-1}\boldsymbol{A}$. 下面考虑将 $\boldsymbol{A}=(a_{ij})\in\mathbb{R}^{n\times n}$ 分解为

$$\boldsymbol{A} = \boldsymbol{D} - \boldsymbol{L} - \boldsymbol{U},$$

其中 $\boldsymbol{D}=\mathrm{diag}(a_{11},\cdots,a_{nn})$ 为 $\boldsymbol{A}$ 的对角矩阵，

$$-\boldsymbol{L} = \begin{bmatrix} 0 & & & & \\ a_{21} & 0 & & & \\ \vdots & \vdots & \ddots & & \\ a_{n-1,1} & a_{n-1,2} & \cdots & 0 & \\ a_{n1} & a_{n2} & \cdots & a_{nn-1} & 0 \end{bmatrix},$$

$$-\boldsymbol{U} = \begin{bmatrix} 0 & a_{12} & \cdots & a_{1n} \\ & 0 & \ddots & \vdots \\ & & \ddots & a_{n-1n} \\ & & & 0 \end{bmatrix},$$

$-\boldsymbol{L}$，$-\boldsymbol{U}$ 分别为 $\boldsymbol{A}$ 的严格下三角矩阵与严格上三角矩阵，假定 $a_{ii}\neq 0$，则 $\boldsymbol{D}$ 非奇异，取 $\boldsymbol{M}=\boldsymbol{D}$，$\boldsymbol{N}=\boldsymbol{L}+\boldsymbol{U}$，则得 Jacobi 迭代法(4.1.3)的矩阵形式

$$\boldsymbol{x}^{(k+1)} = \boldsymbol{B}_{\mathrm{J}}x^{(k)} + \boldsymbol{f}, \quad k = 0,1,2,\cdots, \tag{4.1.11}$$

其中

$$\boldsymbol{B}_{\mathrm{J}} = \boldsymbol{D}^{-1}(\boldsymbol{L}+\boldsymbol{U}) = \boldsymbol{I} - \boldsymbol{D}^{-1}\boldsymbol{A}, \quad \boldsymbol{f} = \boldsymbol{D}^{-1}\boldsymbol{b}, \tag{4.1.12}$$

而 GS 法(4.1.4)用矩阵表示为

$$x^{(k+1)} = D^{-1}[Lx^{(k+1)} + Ux^{(k)} + b], \quad k = 0,1,2,\cdots$$

或

$$(D-L)x^{(k+1)} = Ux^{(k)} + b, \quad k=0,1,2,\cdots,$$

于是 GS 法可表示为

$$x^{(k+1)} = Gx^{(k)} + f_G, \quad k = 0,1,2,\cdots, \tag{4.1.13}$$

其中

$$\begin{aligned} G &= (D-L)^{-1}U = I - (D-L)^{-1}A, \\ f_G &= (D-L)^{-1}b, \end{aligned} \tag{4.1.14}$$

矩阵 G 为 GS 法的迭代矩阵.

迭代法用矩阵形式表示不但便于了解迭代法构造的设计思想,还便于研究迭代序列的收敛性与收敛速度.

4.2　迭代法收敛性

4.2.1　迭代法的收敛性

先考察迭代法(4.1.8)的收敛性,若 $\lim\limits_{k\to\infty} x^{(k)} = x^*$,则

$$\begin{aligned} x^* &= Bx^* + f = (I - M^{-1}A)x^* + M^{-1}b \\ &= x^* - M^{-1}(Ax^* - b), \end{aligned}$$

即 $M^{-1}(Ax^* - b) = \mathbf{0}$,故 x^* 是线性方程组(4.1.6)的解.

令 $e^{(k)} = x^{(k)} - x^*$,由(4.1.8)式减等式 $x^* = Bx^* + f$,得

$$e^{(k+1)} = x^{(k+1)} - x^* = B(x^{(k)} - x^*) = Be^{(k)},$$

由此递推得

$$e^{(k)} = B^k e^{(0)}, \quad k = 0,1,2,\cdots, \tag{4.2.1}$$

其中 $e^{(0)} = x^{(0)} - x^*$ 与 k 无关,所以 $\lim\limits_{k\to\infty} x^{(k)} = x^*$ 等价于

$$\lim_{k\to\infty} e^{(k)} = \lim_{k\to\infty} B^k e^{(0)} = 0, \quad \forall\, e^{(0)} \in \mathbb{R}^n, \tag{4.2.2}$$

即$\lim\limits_{k\to\infty}\boldsymbol{B}^k=\boldsymbol{0}$(零矩阵).

为讨论迭代法(4.1.8)的收敛性先要给出一些结论.

引理 4.1 矩阵$\boldsymbol{B}\in\mathbb{R}^{n\times n}$,则

$$\lim_{k\to\infty}\boldsymbol{B}^k=\boldsymbol{0}$$

的充分必要条件是$\rho(\boldsymbol{B})<1$. (不证)

于是有收敛性定理.

定理 4.1 对任意$\boldsymbol{f}\in\mathbb{R}^n$和任意初始向量$\boldsymbol{x}^{(0)}\in\mathbb{R}^n$,迭代法(4.1.8)收敛的充分必要条件是

$$\rho(\boldsymbol{B})<1,$$

其中$\rho(\boldsymbol{B})$是矩阵$\boldsymbol{B}$的谱半径.

证明 必要性 设迭代法(4.1.8)产生的序列$\{\boldsymbol{x}^{(k)}\}$收敛于$\boldsymbol{x}^*$,由(4.2.2)式知$\lim\limits_{k\to\infty}\boldsymbol{B}^k=\boldsymbol{0}$. 由引理 4.1 则得$\rho(\boldsymbol{B})<1$.

充分性 由$\rho(\boldsymbol{B})<1$知$\det(\boldsymbol{I}-\boldsymbol{B})\neq 0$,故线性方程组(4.1.7)有惟一解$\boldsymbol{x}^*$,则由迭代法(4.1.8)生成的序列$\{\boldsymbol{x}^{(k)}\}$仍有(4.2.1)式成立,由引理 4.1 知$\lim\limits_{k\to\infty}\boldsymbol{B}^k=\boldsymbol{0}$,故$\lim\limits_{k\to\infty}\boldsymbol{e}^{(k)}=\boldsymbol{0}$,即$\{\boldsymbol{x}^{(k)}\}$对任意$\boldsymbol{x}^0\in\mathbb{R}^n$均收敛于$\boldsymbol{x}^*$. □

迭代法的充要条件要计算$\rho(\boldsymbol{B})$,通常不太方便,往往利用$\rho(\boldsymbol{B})\leqslant\|\boldsymbol{B}\|<1$作为迭代法收敛的充分条件,于是有下面的结论.

定理 4.2 对迭代法(4.1.8),如果迭代矩阵$\boldsymbol{B}$的某种范数$q=\|\boldsymbol{B}\|<1$,则对$\forall\boldsymbol{x}^{(0)}\in\mathbb{R}^n$及$\boldsymbol{f}\in\mathbb{R}^n$,迭代序列$\{\boldsymbol{x}^{(k)}\}$收敛于$\boldsymbol{x}^*$,且有误差估计

$$\|\boldsymbol{x}-\boldsymbol{x}^*\|\leqslant\frac{q^k}{1-q}\|\boldsymbol{x}^{(1)}-\boldsymbol{x}^{(0)}\|. \tag{4.2.3}$$

证明 由于$\rho(\boldsymbol{B})\leqslant\|\boldsymbol{B}\|<1$. 故由定理 4.1 知迭代法(4.1.8)生成的序列$\{\boldsymbol{x}^{(k)}\}$收敛于线性方程组(4.1.7)的解$\boldsymbol{x}^*$,且$\boldsymbol{x}^{(k)}-\boldsymbol{x}^*=\boldsymbol{B}(\boldsymbol{x}^{(k-1)}-\boldsymbol{x}^*)$,取范数得

$$\begin{aligned}\| x^{(k)} - x^* \| &\leqslant \| B \| \, \| x^{(k-1)} - x^* \| \\ &\leqslant \| B \| \| x^{(k-1)} - x^{(k)} \| + \| B \| \| x^{(k)} - x^* \|,\end{aligned}$$

于是

$$\begin{aligned}\| x^{(k)} - x^* \| &\leqslant \frac{\| B \|}{1 - \| B \|} \| x^{(k)} - x^{(k-1)} \| \\ &\leqslant \cdots \leqslant \frac{\| B \|^k}{1 - \| B \|} \| x^{(1)} - x^{(0)} \|,\end{aligned}$$

此即为(4.2.3)式. □

注 1 定理 4.2 只给出迭代法(4.1.8)收敛的充分条件. 即使 $\| B \| < 1$ 对几种常用范数都不成立也不能说明迭代不收敛. 例如,设 $x^{(k+1)} = Bx^{(k)} + f$,其中 $B = \begin{bmatrix} 0.9 & 0 \\ 0.3 & 0.8 \end{bmatrix}$, $f = \begin{bmatrix} 1 \\ 2 \end{bmatrix}$. 显然 $\| B \|_\infty = 1.1$, $\| B \|_1 = 1.2$, $\| B \|_2 = 1.043$, $\| B \|_F = \sqrt{1.54}$,但由于 $\rho(B) = 0.9 < 1$,故此迭代法仍然是收敛的.

注 2 定理 4.2 给出的误差估计式(4.2.3),表明 $q = \| B \|$ 越小误差越小,收敛越快. 故迭代矩阵范数 $\| B \|$ 的大小是迭代法收敛快慢的依据,当然 $\rho(B)$ 的大小也可以作为收敛快慢的依据,于是有下面的定义.

定义 4.1 $R(B) = -\ln\rho(B)$ 称为迭代法(4.1.8)的渐近收敛速度.

当 $\rho(B) < 1$ 时,$\rho(B)$ 越小则 $-\ln\rho(B)$ 越大,表明收敛速度 $R(B)$ 越大,即收敛越快.

4.2.2 Jacobi 迭代法与 Gauss-Seidel 迭代法的收敛性

将定理 4.1 及定理 4.2 的结果用于 Jacobi 迭代矩阵 B_J 及 GS 法迭代矩阵 G,则可得到这两种迭代法收敛的条件.

定理 4.3 Jacobi 迭代法(4.1.11)收敛的充要条件是 $\rho(B_J) < 1$,充分条件是 $\| B_J \| < 1$.

定理 4.4 GS 法(4.1.13)收敛的充要条件是 $\rho(\boldsymbol{G})<1$,充分条件是 $\|\boldsymbol{G}\|<1$.

下面针对一类特殊矩阵给出这两种迭代法的收敛性条件.

定义 4.2 若 $\boldsymbol{A}=(a_{ij})\in\mathbb{R}^{n\times n}$满足

$$|a_{ii}|>\sum_{\substack{j=1\\j\neq i}}^{n}|a_{ij}|,\quad i=1,2,\cdots,n,\tag{4.2.4}$$

则称 $\boldsymbol{A}$ 为严格对角占优矩阵.

定理 4.5 若 $\boldsymbol{A}=(a_{ij})\in\mathbb{R}^{n\times n}$为严格对角占优矩阵,则 $\boldsymbol{A}$ 非奇异.

证明 由(4.2.4)式知 $|a_{ii}|>0(i=1,2,\cdots,n)$,故 $a_{ii}\neq 0$ 对 $i=1,2,\cdots,n$成立. 若 $\boldsymbol{A}$ 奇异,则存在 $\boldsymbol{x}\neq\boldsymbol{0},\boldsymbol{x}\in\mathbb{R}^n$使 $\boldsymbol{Ax}=\boldsymbol{0}$. 记 $|x_k|=\max\limits_{1\leqslant i\leqslant n}|x_i|\neq 0$,于是 $\boldsymbol{Ax}=\boldsymbol{0}$ 中的第 k 个方程为

$$a_{kk}x_k=-\sum_{\substack{j=1\\j\neq k}}^{n}a_{kj}x_j,$$

从而有

$$|a_{kk}|\leqslant\sum_{j\neq k}|a_{kj}|\left|\frac{x_j}{x_k}\right|\leqslant\sum_{j\neq k}|a_{kj}|.$$

这与 $\boldsymbol{A}$ 为严格对角占优矛盾,故 $\boldsymbol{A}$ 非奇异,即 $\det\boldsymbol{A}\neq 0$. □

定理 4.6 若 $\boldsymbol{A}=(a_{ij})\in\mathbb{R}^{n\times n}$为严格对角占优矩阵,则解线性方程组(4.1.6)的 Jacobi 迭代法和 GS 迭代法都是收敛的.

证明 对 Jacobi 迭代法,由(4.2.4)式可直接得

$$\boldsymbol{B}_{\mathrm{J}}=\boldsymbol{I}-\boldsymbol{D}^{-1}\boldsymbol{A}=\begin{pmatrix}0 & -\dfrac{a_{12}}{a_{11}} & \cdots & -\dfrac{a_{1n}}{a_{11}}\\ -\dfrac{a_{21}}{a_{22}} & 0 & \cdots & -\dfrac{a_{2n}}{a_{22}}\\ \vdots & \vdots & & \vdots\\ -\dfrac{a_{n1}}{a_{nn}} & -\dfrac{a_{n2}}{a_{nn}} & \cdots & 0\end{pmatrix},$$

$$\| \boldsymbol{B}_{\mathrm{J}} \|_{\infty} = \max_{i} \sum_{\substack{j=1 \\ j \neq i}}^{n} \frac{|a_{ij}|}{|a_{ii}|} < 1,$$

故 Jacobi 迭代收敛.

对 GS 法，其迭代矩阵为

$$\boldsymbol{G} = (\boldsymbol{D} - \boldsymbol{L})^{-1} \boldsymbol{U}.$$

可证明 $\rho(\boldsymbol{G}) < 1$. 用反证法.

假定 $\rho(\boldsymbol{G}) \geqslant 1$，则 $\boldsymbol{G}$ 存在模不小于 1 的特征值 $|\lambda| \geqslant 1$，使得

$$\begin{aligned} \det(\lambda \boldsymbol{I} - \boldsymbol{G}) &= \det[\lambda \boldsymbol{I} - (\boldsymbol{D} - \boldsymbol{L})^{-1} \boldsymbol{U}] \\ &= \det(\boldsymbol{D} - \boldsymbol{L})^{-1} \det[\lambda(\boldsymbol{D} - \boldsymbol{L} - \lambda^{-1} \boldsymbol{U})] = 0, \end{aligned}$$

因 $a_{ii} \neq 0$，故 $\det(\boldsymbol{D} - \boldsymbol{L})^{-1} \neq 0$，由此可得

$$\det\left(\boldsymbol{D} - \boldsymbol{L} - \frac{1}{\lambda} \boldsymbol{U}\right) = 0. \tag{4.2.5}$$

由于矩阵 $\boldsymbol{A}$ 严格对角占优，故 $\left(\boldsymbol{D} - \boldsymbol{L} - \frac{1}{\lambda} \boldsymbol{U}\right)$ 也是严格对角占优的，故 $\det\left(\boldsymbol{D} - \boldsymbol{L} - \frac{1}{\lambda} \boldsymbol{U}\right) \neq 0$. 这与(4.2.5)式矛盾，故 $\rho(\boldsymbol{G}) < 1$，从而得 GS 法收敛. □

根据此定理可知例 4.1 给出的线性方程组(4.1.1)的系数矩阵 $\boldsymbol{A}$ 是严格对角占优的. 所以 Jacobi 迭代法(4.1.2)及 GS 迭代法(4.1.5)都是收敛的.

注　如果线性方程组 $\boldsymbol{A}\boldsymbol{x} = \boldsymbol{b}$ 的 $\boldsymbol{A}$ 经换行后满足对角占优条件，则应按换行后的线性方程组构造 Jacobi 迭代法及 GS 迭代法. 例如线性方程组

$$\begin{cases} 3x_1 - 10x_2 = -7, \\ 9x_1 - 4x_2 = 5. \end{cases}$$

按此方程直接构造 Jacobi 法及 GS 法是不收敛的，但将两方程互换为

$$\begin{cases} 9x_1 - 4x_2 = 5, \\ 3x_1 - 10x_2 = -7. \end{cases}$$

此方程组的系数矩阵 $A=\begin{bmatrix}9 & -4\\3 & -10\end{bmatrix}$为严格对角占优的,故由此构造的 Jacobi 迭代法及 GS 迭代法均收敛.

另一类重要的特殊矩阵是 $A=(a_{ij})\in\mathbb{R}^{n\times n}$对称正定,此时若使用 GS 迭代法求解线性方程组 $Ax=b$,则是收敛的(不证).

例 4.3 对于线性方程组 $Ax=b$,其中

$$A=\begin{pmatrix}1 & a & a\\a & 1 & a\\a & a & 1\end{pmatrix},$$

证明当 $-1/2<a<1$ 时 GS 法收敛,而 Jacobi 法只在 $-1/2<a<1/2$ 时才收敛.

解 因 A 对称,只要证明 $-1/2<a<1$ 时 A 正定,则 GS 迭代法收敛.由于 A 的顺序主子式 $\Delta_1=1>0$,$\Delta_2=\begin{vmatrix}1 & a\\a & 1\end{vmatrix}=1-a^2>0$ 解得 $|a|<1$,$\Delta_3=\det A=1+2a^3-3a^2=(1-a)^2(1+2a)>0$,从而知 $a>-\dfrac{1}{2}$,于是得 $-1/2<a<1$ 时 $\Delta_1>0$,$\Delta_2>0$,$\Delta_3>0$,故 A 对称正定,GS 法收敛.

对 Jacobi 迭代法,有

$$B_J=\begin{pmatrix}0 & -a & -a\\-a & 0 & -a\\-a & -a & 0\end{pmatrix},$$

$\det(\lambda I-B_J)=\lambda^3-3\lambda a^2+2a^3=(\lambda-a)^2(\lambda+2a)=0$,$\rho(B_J)=2|a|<1$,即得 $|a|<1/2$ 是 Jacobi 迭代法的充要条件,故 Jacobi 法只在 $|a|<1/2$ 时才收敛.

当 $a=0.8$ 时 GS 法收敛,而 $\rho(B_J)=1.6>1$,故 Jacobi 法不收敛.

4.3 超松弛迭代法

对迭代法如果收敛太慢将使工作量太大而失去使用价值，因此如何加速迭代法收敛速度具有重要的意义，超松弛（successive over relaxation）迭代法，简称 SOR 迭代法，是在 GS 迭代法的基础上为提高收敛速度，采用加权平均而得到的新算法.

设 $\boldsymbol{x}^{(k)}$ 是已经得到的迭代值，用 GS 迭代法得到

$$\tilde{x}_i^{(k+1)} = \frac{1}{a_{ii}}\left(b_i - \sum_{j=1}^{i-1} a_{ij}x_j^{(k+1)} - \sum_{j=i+1}^{n} a_{ij}x_j^{(k)}\right),$$
$$i = 1,2,\cdots,n;\quad k = 0,1,2,\cdots \tag{4.3.1}$$

将 $x_i^{(k)}$ 与 $\tilde{x}_i^{(k+1)}$ 加权平均得

$$x_i^{(k+1)} = (1-\omega)x_i^{(k)} + \omega\tilde{x}_i^{(k+1)} = x_i^{(k)} + \omega(\tilde{x}_i^{(k+1)} - x_i^{(k)}),$$
$$i = 1,2,\cdots,n;\quad k = 0,1,2,\cdots$$

这里 $\omega>0$ 称为松弛参数，将(4.3.1)式代入则得

$$x_i^{(k+1)} = (1-\omega)x_i^{(k)} + \frac{\omega}{a_{ii}}\left(b_i - \sum_{j=1}^{i-1} a_{ij}x_j^{(k+1)} - \sum_{j=i+1}^{n} a_{ij}x_j^{(k)}\right),$$
$$i = 1,2,\cdots,n;\quad k = 0,1,2,\cdots \tag{4.3.2}$$

称为 SOR 迭代法，$\omega>0$ 称为松弛因子，当 $\omega=1$ 时(4.3.2)式即为 GS 迭代法. 将(4.3.2)式写成矩阵形式得

$$\boldsymbol{x}^{(k+1)} = (\boldsymbol{D}-\omega\boldsymbol{L})^{-1}[(1-\omega)\boldsymbol{D}+\omega\boldsymbol{U}]\boldsymbol{x}^{(k)}$$
$$+\omega(\boldsymbol{D}-\omega\boldsymbol{L})^{-1}\boldsymbol{b},\quad k = 0,1,2,\cdots \tag{4.3.3}$$

或记为

$$\boldsymbol{x}^{(k+1)} = \boldsymbol{G}_\omega\boldsymbol{x}^{(k)} + \boldsymbol{f}_\omega,\quad k = 0,1,2,\cdots, \tag{4.3.4}$$

其中

$$\boldsymbol{G}_\omega = (\boldsymbol{D}-\omega\boldsymbol{L})^{-1}[(1-\omega)\boldsymbol{D}+\omega\boldsymbol{U}],$$
$$\boldsymbol{f}_\omega = \omega(\boldsymbol{D}-\omega\boldsymbol{L})^{-1}\boldsymbol{b}.$$

例 4.4 给定线性方程组

$$\begin{pmatrix} 4 & 3 & 0 \\ 3 & 4 & -1 \\ 0 & -1 & 4 \end{pmatrix}\begin{pmatrix} x_1 \\ x_2 \\ x_3 \end{pmatrix} = \begin{pmatrix} 24 \\ 30 \\ -24 \end{pmatrix},$$

其精确解为 $\boldsymbol{x}^* = (3,4,-5)^{\mathrm{T}}$，用 SOR 迭代法求解，分别取 $\omega=1$ 及 $\omega=1.25$.

解 用 SOR 迭代法(4.3.2)解此方程组得

$$\begin{cases} x_1^{(k+1)} = (1-\omega)x_1^{(k)} + \dfrac{\omega}{4}(24 - 3x_2^{(k)}), \\ x_2^{(k+1)} = (1-\omega)x_2^{(k)} + \dfrac{\omega}{4}(30 - 3x_1^{(k+1)} + x_3^{(k)}), \\ x_3^{(k+1)} = (1-\omega)x_3^{(k)} + \dfrac{\omega}{4}(-24 + x_2^{(k+1)}), \quad k = 0,1,2,\cdots \end{cases}$$

取 $\boldsymbol{x}^{(0)} = (1,1,1)^{\mathrm{T}}$，迭代 7 次分别得

取 $\omega=1$ 时，$\boldsymbol{x}^{(7)} = (3.0134110, 3.9888241, -5.0027940)^{\mathrm{T}}$，

取 $\omega=1.25$ 时，$\boldsymbol{x}^{(7)} = (3.0000498, 4.0002586, -5.0003486)^{\mathrm{T}}$，

若要求解有 8 位有效数字，则取 $\omega=1$ 时需迭代 34 次，而取 $\omega=1.25$的 SOR 迭代法只需迭代 14 次. 这表明在 SOR 迭代法中若 ω 选择得当将大大提高迭代法的收敛速度.

下面简单讨论 SOR 法的收敛性.

定理 4.7 设 $\boldsymbol{A}=(a_{ij})\in\mathbb{R}^{n\times n}$，$a_{ii}\neq 0(i=1,2,\cdots,n)$，则解线性方程组 $\boldsymbol{Ax}=\boldsymbol{b}$ 的 SOR 迭代法收敛的必要条件是

$$0 < \omega < 2.$$

证明 假设 SOR 迭代法收敛，则 $\rho(\boldsymbol{G}_\omega)<1$，由(4.3.4)式知

$$\boldsymbol{G}_\omega = (\boldsymbol{D} - \omega\boldsymbol{L})^{-1}[(1-\omega)\boldsymbol{D} + \omega\boldsymbol{U}],$$

$$\det\boldsymbol{G}_\omega = \det(\boldsymbol{D} - \omega\boldsymbol{L})^{-1}\det[(1-\omega)\boldsymbol{D} + \omega\boldsymbol{U}] = (1-\omega)^n.$$

另一方面，设矩阵 $\boldsymbol{G}_\omega$ 的特征值为 $\lambda_1,\lambda_2,\cdots,\lambda_n$，由 $1>\rho(\boldsymbol{G}_\omega)=\max\limits_{1\leqslant i\leqslant n}|\lambda_i|\geqslant|\lambda_1\lambda_2\cdots\lambda_n|^{1/n}=|\det\boldsymbol{G}_\omega|^{1/n}=|1-\omega|$，则得 $0<\omega<2$. □

定理 4.7 表明 SOR 迭代法中松弛参数 ω 必须取在(0,2)中，

可以证明当 $\boldsymbol{A}\in\mathbb{R}^{n\times n}$ 对称正定时 SOR 迭代法是收敛的.而最佳因子 ω_b 通常在(1,2)之间,即 $1<\omega_b<2$.在例 4.4 中取 $\omega=1.25$,它近似于最佳松弛因子,因此收敛很快.

SOR 迭代法计算公式简单,如果松弛因子选择合适可以显著地提高收敛速度,是求解大型稀疏线性方程组的一种有效方法.使用 SOR 迭代法关键在于选取合适的松弛因子,已经证明对一类特殊的线性方程组,最优松弛因子 ω_b 为

$$\omega_b=\frac{2}{1+\sqrt{1-\mu^2}},\quad \mu=\rho(\boldsymbol{B}_{\mathrm{J}}).\tag{4.3.5}$$

这里 $\rho(\boldsymbol{B}_{\mathrm{J}})$ 为 Jacobi 迭代法的谱半径.但实际计算时,通常依据系数矩阵的特点,并结合计算实践选取合适的松弛因子.

评　注

求解线性方程组的迭代法计算公式简单,易于编制计算程序,通常都用于解大型稀疏线性方程组.迭代法中 Jacobi 迭代法与 GS 迭代法并不互相包含,两者各有优劣,但当两者都收敛时,GS 迭代法比 Jacobi 迭代法收敛快.

迭代法的加速收敛具有重要意义,SOR 迭代法是利用松弛技术加快收敛的典型,它有重要的实用价值,但必须选择较佳的松弛因子,虽有求最佳松弛因子的理论公式,但通常要依赖于实际经验,对大型稀疏线性方程组通常还用块 SOR 迭代法以及 SSOR 迭代法和块 SSOR 迭代法迭代,要了解这些方法可参见文献[5,11,12].

复习与思考题

1. 试写出 Jacobi 迭代法,GS 迭代法和 SOR 迭代法的计算公式及其矩阵形式,它们的迭代矩阵是什么?

2. 给出一般迭代法收敛的充分必要条件和充分条件,并写出误差估计式.

3. 叙述 Jacobi 迭代法、GS 迭代法和 SOR 迭代法收敛的判别条件.

4. 判断下列命题是否正确:

(1) GS 迭代法总比 Jacobi 迭代法收敛快;

(2) GS 迭代法比 Jacobi 迭代法更节省存储空间;

(3) GS 迭代法与 Jacobi 迭代法具有相同的收敛性;

(4) SOR 迭代法包含了 GS 迭代法,当松弛因子 ω 在(1,2)区间时 SOR 迭代法就比 GS 迭代法收敛快;

(5) 迭代矩阵 $\boldsymbol{B}$ 的某个范数 $\|\boldsymbol{B}\|\geqslant 1$,则该迭代法不收敛;

(6) 给定线性方程组

$$\begin{bmatrix} 1 & -a \\ -a & 1 \end{bmatrix}\begin{bmatrix} x_1 \\ x_2 \end{bmatrix}=\begin{bmatrix} b_1 \\ b_2 \end{bmatrix},$$

只要$|a|<1$ 则解此方程组的 Jacobi 迭代法、GS 迭代法及 SOR 迭代法都是收敛的;

(7) 给定线性方程组 $\boldsymbol{Ax}=\boldsymbol{b}$,若 $\boldsymbol{A}\in\mathbb{R}^{n\times n}$ 对称且 $\rho(\boldsymbol{A})<1$($\rho(\cdot)$为谱半径),则解此方程组的 GS 迭代法和 SOR 迭代法都收敛.

习题与实验题

1. 给定线性方程组

$$\begin{cases} 5x_1+2x_2+x_3=-12, \\ -x_1+4x_2+2x_3=20, \\ 2x_1-3x_2+10x_3=3. \end{cases}$$

(1) 考查用 Jacobi 迭代法和 GS 迭代法解此方程组的收敛性.

(2) 写出用 Jacobi 迭代法及 GS 迭代法解此方程组的迭代公式,并以 $\boldsymbol{x}^{(0)}=(0,0,0)^{\mathrm{T}}$ 为初值计算到 $\|\boldsymbol{x}^{(k+1)}-\boldsymbol{x}^{(k)}\|_\infty<10^{-4}$ 为止.

2. 设线性方程组

$$\begin{cases} a_{11}x_1+a_{12}x_2=b_1, \\ a_{21}x_1+a_{22}x_2=b_2, \end{cases} \quad a_{11},a_{22}\neq 0.$$

证明解此方程组的 Jacobi 迭代法与 GS 迭代法同时收敛或发散.

3. 下列两个线性方程组 $\boldsymbol{Ax}=\boldsymbol{b}$,若分别用 Jacobi 迭代法及 GS 迭代法求解,是否收敛?

$$(1)\boldsymbol{A}=\begin{pmatrix}1 & 2 & -2\\ 1 & 1 & 1\\ 2 & 2 & 1\end{pmatrix};\qquad (2)\ \boldsymbol{A}=\begin{pmatrix}2 & -1 & 1\\ 2 & 2 & 2\\ -1 & 1 & 2\end{pmatrix}.$$

4. 设

$$\boldsymbol{A}=\begin{pmatrix}10 & a & 0\\ b & 10 & b\\ 0 & a & 5\end{pmatrix},\quad \det\boldsymbol{A}\neq 0,$$

用 a,b 表示解方程组 $\boldsymbol{Ax}=\boldsymbol{f}$ 的 Jacobi 迭代法及 GS 迭代法收敛的充分必要条件.

5. Jacobi 迭代法的一种改进称为 JOR 迭代法,表示为

$$\boldsymbol{x}^{(k+1)}=\boldsymbol{B}_\omega\boldsymbol{x}^{(k)}+\omega\boldsymbol{D}^{-1}\boldsymbol{b},$$

其中 $\boldsymbol{B}_\omega=\omega\boldsymbol{B}+(1-\omega)\boldsymbol{I}$,$\boldsymbol{B}$ 为 Jacobi 迭代矩阵. 证明若 Jacobi 迭代法收敛,则 JOR 法对 $0<\omega\leqslant 1$ 收敛.

6. 用迭代公式 $\boldsymbol{x}^{(k+1)}=\boldsymbol{x}^{(k)}+\alpha(\boldsymbol{Ax}^{(k)}-\boldsymbol{b})$ 求解线性方程组 $\boldsymbol{Ax}=\boldsymbol{b}$,其中

$$\boldsymbol{A}=\begin{bmatrix}3 & 2\\ 1 & 2\end{bmatrix},\quad \boldsymbol{b}=\begin{bmatrix}3\\ -1\end{bmatrix}.$$

问 α 取何值能使迭代法收敛?

7. 设

$$\boldsymbol{A}=\begin{bmatrix}3 & 0 & -2\\ 0 & 2 & 1\\ -2 & 1 & 2\end{bmatrix}$$

用 Jacobi 迭代法与 GS 迭代法解线性方程组 $\boldsymbol{Ax}=\boldsymbol{b}$ 时,如果收敛,试比较哪种方法收敛快?

8. 用 SOR 迭代法解线性方程组

$$\begin{cases}4x_1 - x_2 = 1,\\ -x_1 + 4x_2 - x_3 = 4,\\ -x_2 + 4x_3 = -3.\end{cases}$$

其精确解为 $\boldsymbol{x}^*=\left(\frac{1}{2},1,-\frac{1}{2}\right)^{\mathrm{T}}$. 分别取 $\omega=1$ 及 $\omega=1.03$,要求当 $\|\boldsymbol{x}^*-$

$\boldsymbol{x}^{(k)}\|_{\infty}<5\times10^{-6}$时迭代终止，并对每个$\omega$值确定迭代次数.

9. 设$\boldsymbol{A},\boldsymbol{B}\in\mathbb{R}^{n\times n}$，$\boldsymbol{A}$非奇异，考虑线性方程组

$$\begin{cases}\boldsymbol{Ax}+\boldsymbol{By}=\boldsymbol{b}_1,\\ \boldsymbol{Bx}+\boldsymbol{Ay}=\boldsymbol{b}_2,\end{cases}$$

$\boldsymbol{b}_1,\boldsymbol{b}_2\in\mathbb{R}^n$是已知向量，$\boldsymbol{x},\boldsymbol{y}\in\mathbb{R}^n$是解向量. 给出迭代法

$$\begin{cases}\boldsymbol{Ax}^{(m+1)}=\boldsymbol{b}_1-\boldsymbol{By}^{(m)},\\ \boldsymbol{Ay}^{(m+1)}=\boldsymbol{b}_2-\boldsymbol{Bx}^{(m)}, \quad m=0,1,2,\cdots\end{cases}$$

收敛的充分必要条件.

10. 实验题：给出线性方程组$\boldsymbol{Hx}=\boldsymbol{b}$，其中系数矩阵$\boldsymbol{H}$为Hilbert矩阵，

$$\boldsymbol{H}=(h_{ij})_{n\times n},\quad h_{ij}=\frac{1}{i+j-1},\quad i,j=1,2,\cdots,n.$$

取$n=5$及10. 通过给定解再定出右端项的办法确定方程组，要求分别构造求解该问题的Jacobi迭代法，GS迭代法及SOR迭代法，考察它们是否收敛.

第5章 插值法与最小二乘法

5.1 问题提法与多项式插值

5.1.1 问题提法

函数是描述客观规律的重要工具,函数求值是科学计算的一项基本内容,在实际应用中许多函数是通过科学实验或观测得到的,它通常是一个列表函数,有些函数虽有解析表达式,但它由于过于复杂或不便计算,也可表为列表函数,设 $y=f(x)$ 在已知点

$$a \leqslant x_0 < x_1 < \cdots < x_n \leqslant b$$

上的函数值为 $y_0, y_1, \cdots, y_n$,记为 $\{(x_i, y_i), i=0,1,\cdots,n\}$,如何将这张函数表用一个简单的便于计算的函数 $p(x)$ 近似,使在区间 $[a,b]$ 上 $p(x) \approx f(x)$ 满足误差要求,这就是本章要解决的问题,通常有两类提法:

(1) 通过给定点 $(x_i, y_i)(i=0,1,\cdots,n)$,作一曲线,其方程为 $y=p(x)$,$p(x)$ 是事先确定的一类简单函数(最简单的是代数多项式),使

$$p(x_i) = y_i, \quad i = 0,1,\cdots,n. \tag{5.1.1}$$

求出 $p(x)$ 就是所谓的插值问题.这里 $p(x)$ 称为插值函数,点 $x_i(i=0,1,\cdots,n)$ 称为插值节点,区间 $[a,b]$ 称为插值区间,插值点上的函数值 $y_i=f(x_i)$ 称为样本值.见图5.1.

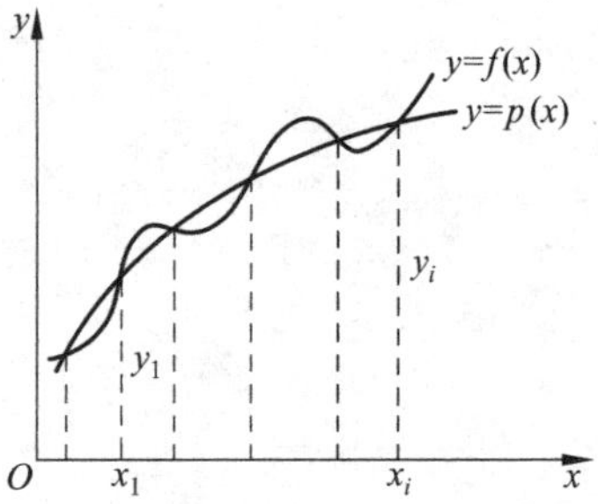

图 5.1

(2) 作一条指定类型的曲线 $y=p(x)$，使该曲线能在“一定意义”下逼近给定的列表函数 $\{(x_i,y_i)|i=0,1,\cdots,m\}$，这就是曲线拟合问题. 本章将采用最小二乘法解决这一问题.

插值法是一种古老的数学方法，它来自生产实践，早在一千多年前的隋唐时期在制定历法时就广泛应用了二次插值，隋朝刘焯（公元 6 世纪）将等距节点二次插值应用于天文计算. 但插值理论却是在 17 世纪微积分产生以后才逐步发展的，Newton 的等距节点插值公式和均差插值公式都是当时的重要成果. 近几十年由于计算机的使用和航空、造船、精密机械加工等实际问题的需要，使插值法在理论上和实践上得到进一步发展，获得广泛的应用，成为计算机图形学的基础.

5.1.2 多项式插值

多项式插值是最简单的插值，$n=1$ 时就是通过两已知点 (x_0,y_0) 及 (x_1,y_1) 的一条直线，其方程为

$$y=\frac{x-x_1}{x_0-x_1}y_0+\frac{x-x_0}{x_1-x_0}y_1. \tag{5.1.2}$$

这就是大家熟悉的两点式方程. 推广到一般情形就是给定区间 $[a,b]$ 上 $n+1$ 个点

$$a\leqslant x_0<x_1<\cdots<x_n\leqslant b$$

上函数 $y=f(x)$ 的值 $y_0,y_1,\cdots,y_n$，求次数不超过 n 的多项式

$$p(x)=a_0+a_1x+\cdots+a_nx^n, \tag{5.1.3}$$

其中 $a_0,a_1,\cdots,a_n$ 是待定系数，使

$$p(x_i)=y_i,\quad i=0,1,2,\cdots,n \tag{5.1.4}$$

即

$$\begin{cases}a_0+a_1x_0+\cdots+a_nx_0^n=y_0,\\ a_0+a_1x_1+\cdots+a_nx_1^n=y_1,\\ \qquad\vdots\\ a_0+a_1x_n+\cdots+a_nx_n^n=y_n.\end{cases} \tag{5.1.5}$$

这是关于系数 $a_0,a_1,\cdots,a_n$ 的 $n+1$ 维线性方程组，其系数矩阵为

$$A=\begin{pmatrix}1 & x_0 & \cdots & x_0^n\\ 1 & x_1 & \cdots & x_1^n\\ \vdots & \vdots & & \vdots\\ 1 & x_n & \cdots & x_n^n\end{pmatrix}.$$

此矩阵称为 Vandermonde 矩阵，只要 $x_i(i=0,1,\cdots,n)$ 互异，则

$$\det A=\prod_{\substack{j=0\\ i>j}}^{n-1}(x_i-x_j)\neq 0.$$

故线性方程组(5.1.5) 的解 $a_0,a_1,\cdots,a_n$ 存在惟一. 于是有下面的结论.

定理 5.1　满足条件(5.1.4)的插值多项式 $p(x)$ 是存在惟一的.

直接由方程组(5.1.5)求 $p(x)$ 较繁杂，通常可用 5.2 节和5.3 节介绍的方法构造插值多项式.

5.2　Lagrange 插值

5.2.1　线性插值与二次插值

设给定函数 $y=f(x)$，$n=1$ 时的多项式插值就是通过两点 (x_0,y_0) 与 (x_1,y_1) 的直线(5.1.2)，其右端记作

$$L_1(x)=\frac{x-x_1}{x_0-x_1}f(x_0)+\frac{x-x_0}{x_1-x_0}f(x_1),\qquad(5.2.1)$$

称为线性插值多项式. 显然它满足条件

$$L_1(x_0)=f(x_0),\quad L_1(x_1)=f(x_1).$$

若记

$$l_0(x)=\frac{x-x_1}{x_0-x_1},\quad l_1(x)=\frac{x-x_0}{x_1-x_0},$$

则称 $l_0(x)$ 及 $l_1(x)$ 为关于 x_0,x_1 的线性插值基函数. 于是(5.2.1)

式改为

$$L_1(x) = l_0(x)f(x_0) + l_1(x)f(x_1).$$

当 $n=2$ 时,已知三点 $(x_0, f(x_0))$、$(x_1, f(x_1))$ 及 $(x_2, f(x_2))$ 的二次插值可类似于 $n=1$ 时的情形写成

$$L_2(x) = l_0(x)f(x_0) + l_1(x)f(x_1) + l_2(x)f(x_2), \quad (5.2.2)$$

其中

$$l_0(x) = \frac{(x-x_1)(x-x_2)}{(x_0-x_1)(x_0-x_2)},$$

$$l_1(x) = \frac{(x-x_0)(x-x_2)}{(x_1-x_0)(x_1-x_2)},$$

$$l_2(x) = \frac{(x-x_0)(x-x_1)}{(x_2-x_0)(x_2-x_1)},$$

它满足条件

$$l_i(x_j) = \begin{cases} 1, & j=i, \\ 0, & j \neq i. \end{cases} \quad (5.2.3)$$

称 $l_i(x)(i=0,1,2)$ 是关于 x_0, x_1, x_2 的二次插值基函数(图形见图 5.2).

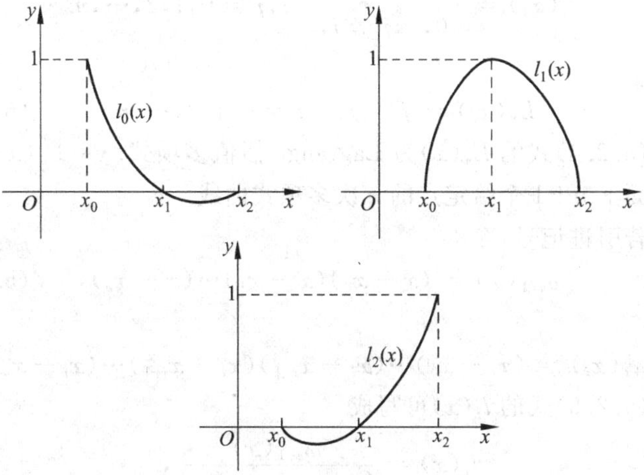

图 5.2

显然

$$L_2(x_i) = f(x_i), \quad i = 0,1,2.$$

故 $L_2(x)$ 是通过三点 x_0, x_1, x_2 的二次插值多项式，方程 $y = L_2(x)$ 就是通过三点的抛物线.

5.2.2 Lagrange 插值多项式

将 $n=1,2$ 时的插值多项式推广到一般情形，考虑给定 $n+1$ 个点 $(x_i, f(x_i))(i=0,1,2,\cdots,n)$ 的插值多项式 $L_n(x)$，它可直接表示为

$$L_n(x) = \sum_{i=0}^{n} l_i(x) f(x_i), \tag{5.2.4}$$

其中

$$l_i(x) = \frac{(x-x_0)\cdots(x-x_{i-1})(x-x_{i+1})\cdots(x-x_n)}{(x_i-x_0)\cdots(x_i-x_{i-1})(x_i-x_{i+1})\cdots(x_i-x_n)} \tag{5.2.5}$$

是关于 $x_0, x_1, \cdots, x_n$ 的插值基函数，它满足条件

$$l_i(x_j) = \begin{cases} 1, & j = i \\ 0, & j \neq i, \end{cases} \quad i,j = 0,1,2,\cdots,n.$$

显然

$$L_n(x_i) = f(x_i), \quad i = 0,1,2,\cdots,n. \tag{5.2.6}$$

故称(5.2.4)式的 $L_n(x)$ 为 Lagrange 插值多项式. $y=L_n(x)$ 是通过平面上 $n+1$ 个给定点的 n 次多项式曲线.

若引进记号

$$\omega_{n+1}(x) = (x-x_0)(x-x_1)\cdots(x-x_n), \tag{5.2.7}$$

则

$$\omega'_{n+1}(x_i) = (x_i-x_0)\cdots(x_i-x_{i-1})(x_i-x_{i+1})\cdots(x_i-x_n),$$

于是(5.2.5)式的 $l_i(x)$ 可写成

$$l_i(x) = \frac{\omega_{n+1}(x)}{(x-x_i)\omega'_{n+1}(x_i)},$$

从而(5.2.4)式中的 $L_n(x)$ 可改为

$$L_n(x)=\sum_{i=0}^{n}\frac{\omega_{n+1}(x)}{(x-x_i)\omega_{n+1}'(x_i)}f(x_i).\qquad(5.2.8)$$

5.2.3 插值余项与误差估计

在区间 $[a,b]$ 上用 $L_n(x)\approx f(x)$ 的截断误差为

$$R_n(x)=f(x)-L_n(x),$$

称为插值余项.对此有以下结论.

定理 5.2 设 $f(x)$ 的 $n+1$ 阶导数 $f^{(n+1)}(x)$ 在 $[a,b]$ 上存在,则对任何 $x\in[a,b]$,有余项

$$R_n(x)=f(x)-L_n(x)=\frac{f^{(n+1)}(\xi)}{(n+1)!}\omega_{n+1}(x),\qquad(5.2.9)$$

其中 $\xi\in[a,b]$,且依赖于 x,ω_{n+1} 同(5.2.7)式的定义.

证明 由插值条件(5.2.6)可知 $R_n(x_i)=0(i=0,1,2,\cdots,n)$,故对任何 $x\in[a,b]$ 有

$$\begin{aligned}R_n(x)&=K(x)(x-x_0)(x-x_1)\cdots(x-x_n)\\&=K(x)\omega_{n+1}(x),\end{aligned}\qquad(5.2.10)$$

其中 $K(x)$ 是依赖于 x 的待定函数.将 $x\in[a,b]$ 视为区间 $[a,b]$ 上的任一固定点,作函数

$$\varphi(t)=f(t)-L_n(t)-K(x)(t-x_0)(t-x_1)\cdots(t-x_n),$$

显然 $\varphi(x_i)=0(i=0,1,2,\cdots,n)$,且 $\varphi(x)=0$,它表明 $\varphi(t)$ 在 $[a,b]$ 上有 $n+2$ 个零点 $x_0,x_1,\cdots,x_n$ 及 x,由 Rolle 定理可知 $\varphi'(t)$ 在 $[a,b]$ 上至少有 $n+1$ 个零点.反复应用 Rolle 定理,可知 $\varphi^{(n+1)}(t)$ 在 $[a,b]$ 上至少有一个零点 $\xi\in(a,b)$,使

$$\varphi^{(n+1)}(\xi)=f^{(n+1)}(\xi)-K(x)(n+1)!=0,$$

即

$$K(x)=\frac{f^{(n+1)}(\xi)}{(n+1)!}$$

代入(5.2.10),则得余项表达式(5.2.9). □

注意余项(5.2.9)式中 ξ 是依赖于 x 及点 $x_0, x_1, \cdots, x_n$ 的值,它不可能确切知道,因此余项只是一个表达式,但由此可得到误差估计,只要

$$\max_{a \leqslant x \leqslant b} \left| f^{(n+1)}(x) \right| \leqslant M_{n+1},$$

则得插值多项式的误差估计

$$\left| R_n(x) \right| \leqslant \frac{M_{n+1}}{(n+1)!} \left| \omega_{n+1}(x) \right|. \quad (5.2.11)$$

当 $n=1$ 时可得线性插值的误差估计为

$$\left| R_1(x) \right| \leqslant \frac{M_2}{2!} \left| (x-x_0)(x-x_1) \right|. \quad (5.2.12)$$

当 $n=2$ 时有二次插值的误差估计为

$$\left| R_2(x) \right| \leqslant \frac{M_3}{3!} \left| (x-x_0)(x-x_1)(x-x_2) \right|. \quad (5.2.13)$$

利用余项表达式(5.2.9),当 $f(x)=x^k\ (k \leqslant n)$ 时,由于 $f^{(n+1)}(x)=0$. 于是有

$$R_n(x) = x^k - \sum_{i=0}^{n} x_i^k l_i(x) = 0,$$

即

$$\sum_{i=0}^{n} x_i^k l_i(x) = x^k, \quad k = 0,1,2,\cdots,n. \quad (5.2.14)$$

特别地,当 $k=0$ 时有

$$\sum_{i=0}^{n} l_i(x) = 1.$$

例 5.1 已给 $\sin 0.32 = 0.314567$, $\sin 0.34 = 0.333487$, $\sin 0.36 = 0.352274$,用线性插值及二次插值计算 $\sin 0.3367$ 的近似值并估计误差.

解 由题意知被插函数为 $y=f(x)=\sin x$,给定插值点为 $x_0=0.32, y_0=0.314567, x_1=0.34, y_1=0.333487, x_2=0.36,$

$y_2=0.352274$. 由(5.2.1)式知线性插值函数为

$$L_1(x)=\frac{x-x_1}{x_0-x_1}y_0+\frac{x-x_0}{x_1-x_0}y_1$$

$$=\frac{x-0.34}{-0.02}\times 0.314567+\frac{x-0.32}{0.02}\times 0.333487.$$

当 $x=0.3367$ 时

$$\sin 0.3367\approx L_1(0.3367)=\frac{0.3367-0.34}{0.02}\times(-0.314567)$$

$$+\frac{0.3367-0.32}{0.02}\times 0.333487$$

$$\approx 0.0519036+0.2784616\approx 0.330365,$$

其截断误差由(5.2.12)式给出

$$|R_1(x)|\leqslant\frac{M_2}{2}|(x-x_0)(x-x_1)|,$$

其中 $M_2=\max\limits_{x_0\leqslant x\leqslant x_1}|f''(x)|$. 因 $f(x)=\sin x$, $f''(x)=-\sin x$, 故

$$M_2=\max_{x_0\leqslant x\leqslant x_1}|\sin x|=\sin x_1\leqslant 0.3335,$$

于是

$$|R_1(0.3367)|=|\sin 0.3367-L_1(0.3367)|$$

$$\leqslant\frac{1}{2}\times 0.3335\times 0.0167\times 0.0033\leqslant 0.92\times 10^{-5}.$$

若用二次插值，在(5.2.4)式中取 $n=2$，则得

$$L_2(x)=\frac{(x-x_1)(x-x_2)}{(x_0-x_1)(x_0-x_2)}y_0+\frac{(x-x_0)(x-x_2)}{(x_1-x_0)(x_1-x_2)}y_1$$

$$+\frac{(x-x_0)(x-x_1)}{(x_2-x_0)(x_2-x_1)}y_2$$

$$\sin 0.3367\approx L_2(0.3367)=\frac{0.7689\times 10^{-4}}{0.0008}\times 0.314567$$

$$+\frac{3.8911\times 10^{-4}}{0.0004}\times 0.333487$$

$$+\frac{-0.5511\times10^{-4}}{0.0008}\times0.352274$$

$$\approx0.330374.$$

这个结果与 6 位有效数字的正弦函数表完全一样. 其截断误差由(5.2.13)式给出

$$|R_2(x)|\leqslant\frac{M_3}{6}|(x-x_0)(x-x_1)(x-x_2)|,$$

其中

$$M_3=\max_{x_0\leqslant x\leqslant x_2}|f'''(x)|=\max_{x_0\leqslant x\leqslant x_2}|\cos x|=\cos0.32<0.950.$$

于是

$$\begin{aligned}|R_2(0.3367)|&=|\sin0.3367-L_2(0.3367)|\\&\leqslant\frac{1}{6}\times0.950\times0.0167\times0.0033\times0.0233\\&<0.204\times10^{-6}.\end{aligned}$$

例 5.2　设 $f\in C^2[a,b]$,试证

$$\max_{a\leqslant x\leqslant b}\left|f(x)-\left[f(a)+\frac{f(b)-f(a)}{b-a}(x-a)\right]\right|$$

$$\leqslant\frac{1}{8}(b-a)^2\max_{a\leqslant x\leqslant b}|f''(x)|.$$

解　由于 $f(x)$ 的线性插值

$$L_1(x)=f(a)+\frac{f(b)-f(a)}{b-a}(x-a),$$

于是

$$\begin{aligned}&\max_{a\leqslant x\leqslant b}\left|f(x)-\left[f(a)+\frac{f(b)-f(a)}{b-a}(x-a)\right]\right|\\&=\max_{a\leqslant x\leqslant b}|f(x)-L_1(x)|\\&=\max_{a\leqslant x\leqslant b}\left|\frac{f''(\xi)}{2!}(x-a)(x-b)\right|\\&\leqslant\frac{1}{2}\max_{a\leqslant x\leqslant b}|(x-a)(x-b)|\max_{a\leqslant x\leqslant b}|f''(x)|\end{aligned}$$

$$=\frac{1}{8}(b-a)^2\max_{a\leqslant x\leqslant b}|f''(x)|.$$

例 5.3 证明 $\sum_{i=0}^{5}(x_i-x)^2 l_i(x)=0$,其中 $l_i(x)$ 是关于点 x_0,$x_1,\cdots,x_5$ 的插值基函数.

解 注意到(5.2.14)式,可得

$$\sum_{i=0}^{5}(x_i-x)^2 l_i(x)=\sum_{i=0}^{5}(x_i^2-2x_ix+x^2)l_i(x)$$

$$=\sum_{i=0}^{5}x_i^2 l_i(x)-2x\sum_{i=0}^{5}x_i l_i(x)+x^2\sum_{i=0}^{5}l_i(x)$$

$$=x^2-2x^2+x^2=0$$

5.3 Newton 插值多项式

5.3.1 插值多项式的逐次生成

Lagrange 插值多项式在理论上是重要的,但计算上却不太方便,特别当精度不够需增加插值点时,计算要全部重新进行.为此我们可重新设计一种逐次生成插值多项式的方法,先考察 $n=1$ 的情形,此时线性插值多项式记为 $p_1(x)$,它满足条件 $p_1(x_0)=f(x_0)$,$p_1(x_1)=f(x_1)$.用点斜式表示为

$$p_1(x)=f(x_0)+\frac{f(x_1)-f(x_0)}{x_1-x_0}(x-x_0).$$

它可看成由零次插值 $p_0(x)=f(x_0)$的修正得到,即

$$p_1(x)=p_0(x)+a_1(x-x_0), \qquad (5.3.1)$$

其中 $a_1=\dfrac{f(x_1)-f(x_0)}{x_1-x_0}$就是函数 $f(x)$的差商.

再考察 $n=2$ 的情形,此时二次插值 $p_2(x)$满足条件

$$p_2(x_0)=f(x_0),\quad p_2(x_1)=f(x_1),\quad p_2(x_2)=f(x_2),$$

它可表示为

$$p_2(x) = p_1(x) + a_2(x - x_0)(x - x_1). \tag{5.3.2}$$

显然它满足条件 $p_2(x_0)=f(x_0)$，$p_2(x_1)=f(x_1)$，只要令 $p_2(x_2)=f(x_2)$，则得

$$a_2 = \frac{p_2(x_2) - p_1(x_2)}{(x_2 - x_0)(x_2 - x_1)} = \frac{\dfrac{f(x_2) - f(x_0)}{x_2 - x_0} - \dfrac{f(x_1) - f(x_0)}{x_1 - x_0}}{x_2 - x_1},$$

系数 a_2 是 f"差商的差商". 一般情形，已知 $f(x)$ 的函数值 $f(x_i)$ $(i=0,1,2,\cdots,n)$，要求 n 次插值多项式 $p_n(x)$ 满足

$$p_n(x_i) = f(x_i), \quad i = 0,1,2,\cdots,n, \tag{5.3.3}$$

则 $p_n(x)$ 可表示为

$$p_n(x) = a_0 + a_1(x - x_0) + \cdots + a_n(x - x_0)\cdots(x - x_{n-1}). \tag{5.3.4}$$

为了得到 $a_i(i=0,1,2,\cdots,n)$ 的计算公式，先引入有关差商的定义.

5.3.2 差商及其性质

差商就是函数改变量与自变量改变量相除的商. 具体定义如下.

定义 5.1 函数 f 关于点 x_0, x_1 的一阶差商定义为

$$f[x_0, x_1] = \frac{f(x_1) - f(x_0)}{x_1 - x_0},$$

一阶差商的差商

$$f[x_0, x_1, x_2] = \frac{f[x_1, x_2] - f[x_0, x_1]}{x_2 - x_0}$$

称为 f 关于点 x_0, x_1, x_2 的二阶差商. 一般地定义

$$f[x_0,x_1,\cdots,x_n] = \frac{f[x_1,x_2,\cdots,x_n]-f[x_0,x_1,\cdots,x_{n-1}]}{x_n-x_0} \tag{5.3.5}$$

为 f 关于点 $x_0,x_1,\cdots,x_n$ 的 n 阶差商.

差商也称均差,它有以下重要性质.

(1) 差商的对称性. n 阶差商可表示为函数值 $f(x_0),f(x_1),\cdots,f(x_n)$ 的线性组合,即

$$f[x_0,x_1,\cdots,x_n] = \sum_{i=0}^{n}\frac{f(x_i)}{(x_i-x_0)\cdots(x_i-x_{i-1})(x_i-x_{i+1})\cdots(x_i-x_n)}. \tag{5.3.6}$$

它可用归纳法证明,事实上当 $n=1$ 时有

$$f[x_0,x_1] = \frac{f(x_1)-f(x_0)}{x_1-x_0} = \frac{f(x_0)}{x_0-x_1}+\frac{f(x_1)}{x_1-x_0}.$$

(2) 若 $f(x)$ 在 $[a,b]$ 上存在 n 阶导数,则

$$f[x_0,x_1,\cdots,x_n] = \frac{f^{(n)}(\xi)}{n!},\quad \xi \text{ 在 } x_0 \text{ 到 } x_n \text{ 之间}. \tag{5.3.7}$$

差商还有其他性质,这里不再一一列举. 计算差商可用差商表(见表 5.1).

表 5.1

x_i	$f(x_i)$	一阶差商	二阶差商	三阶差商	四阶差商
x_0	$\underline{f(x_0)}$				
x_1	$f(x_1)$	$\underline{f[x_0,x_1]}$			
x_2	$f(x_2)$	$f[x_1,x_2]$	$\underline{f[x_0,x_1,x_2]}$		
x_3	$f(x_3)$	$f[x_2,x_3]$	$f[x_1,x_2,x_3]$	$\underline{f[x_0,x_1,x_2,x_3]}$	
x_4	$f(x_4)$	$f[x_3,x_4]$	$f[x_2,x_3,x_4]$	$f[x_1,x_2,x_3,x_4]$	$\underline{f[x_0,x_1,x_2,x_3,x_4]}$
⋮	⋮	⋮	⋮	⋮	⋮

5.3.3 Newton 插值多项式

为了求得形如(5.3.4)式的插值多项式系数 $a_i(i=0,1,2,\cdots,n)$,可直接应用差商定义,设 $x\in[a,b]$,则

$$f(x)=f(x_0)+f[x,x_0](x-x_0),$$
$$f[x,x_0]=f[x_0,x_1]+f[x,x_0,x_1](x-x_1),$$
$$\vdots$$
$$f[x,x_0,\cdots,x_{n-1}]=f[x_0,x_1,\cdots,x_n]+f[x,x_0,\cdots,x_n](x-x_n).$$

只要把上述各阶差商定义表达式中后式代入前式,则得

$$\begin{aligned}f(x)=&f(x_0)+f[x_0,x_1](x-x_0)\\&+f[x_0,x_1,x_2](x-x_0)(x-x_1)+\cdots\\&+f[x_0,x_1,\cdots,x_n](x-x_0)\cdots(x-x_{n-1})\\&+f[x,x_0,\cdots,x_n]\omega_{n+1}(x)\\=&p_n(x)+R_n(x),\end{aligned}$$

其中 $\omega_{n+1}(x)$是由(5.2.7)式定义的,而

$$\begin{aligned}p_n(x)=&f(x_0)+f[x_0,x_1](x-x_0)+\cdots\\&+f[x_0,x_1,\cdots,x_n](x-x_0)\cdots(x-x_{n-1})\end{aligned}\tag{5.3.8}$$

称为 Newton 插值多项式.

$$R_n(x)=f[x,x_0,\cdots,x_n]\omega_{n+1}(x)\tag{5.3.9}$$

称为 Newton 插值多项式的余项.由(5.3.8)式表示的 n 次多项式 $p_n(x)$显然满足插值条件(5.3.3),且表明(5.3.4)式中的多项式系数为

$$a_k=f[x_0,x_1,\cdots,x_k],\quad k=0,1,2,\cdots,n.$$

正是差商表(表 5.1)中加横线的各阶差商,用(5.3.8)式表示的 Newton 插值多项式计算简便,且增加一个插值点时只增加一项,前面的计算仍然有效。而余项(5.3.9)式也用差商形式表示,更有

一般性.当 $f(x)$的高阶导数不存在时用此表达式可以求出误差的近似值,而当 $f^{(n+1)}(x)$存在时,根据差商与导数关系,(5.3.9)式就是(5.2.9)式.

例 5.4 已知函数 $f(x)=\sinh x$ 的离散数据

x_i	0.00	0.20	0.30	0.50	0.60
$f(x_i)$	0.00000	0.20134	0.30452	0.52110	0.63665

利用三次插值求 $f(0.23)$的近似值并估计误差.

解 利用 Newton 插值多项式先做差商表如下:

x_i	$f(x_i)$	一阶差商	二阶差商	三阶差商	四阶差商
0.00	<u>0.00000</u>				
0.20	0.20134	<u>1.0067</u>			
0.30	0.30452	1.0318	<u>0.08367</u>		
0.50	0.52110	1.0630	0.17067	<u>0.17400</u>	
0.60	0.63665	1.1553	0.24100	0.17583	<u>0.00305</u>

由差商表可得

$$p_3(x) = 1.0067x + 0.08367x(x-0.20) + 0.17400x(x-0.2)(x-0.3),$$

由此得

$$f(0.23) \approx p_3(0.23) = 0.23203.$$

因 $f(x)=\sinh x$. $f^{(4)}(x)=\sinh x$. 故余项为

$$R_3(x) = \frac{1}{4!}x(x-0.2)(x-0.3)(x-0.5)\sinh\xi,$$

$$0<\xi<0.50,$$

$$|R_3(0.23)| < \frac{1}{24}\times 0.23\times 0.03\times 0.07\times 0.27\times 0.53 \approx 0.000003.$$

如直接用差商余项(5.3.9)估计误差,则

$$\begin{aligned}|R_3(0.23)| &\approx f[x_0,x_1,x_2,x_3,x_4]\omega_4(0.23)\\ &\approx 0.00305\times 0.23\times 0.03\times 0.07\times 0.27\\ &\approx 0.0000005.\end{aligned}$$

5.3.4 差分形式的 Newton 插值多项式

前面给出的插值多项式是节点任意分布的情况,实际应用时经常采用等距节点,即 $x_k=x_0+kh(k=0,1,2,\cdots,n)$,称 h 为步长,此时插值多项式可得到简化. 设 x_k 点的函数值为 $f_k=f(x_k)$ $(k=0,1,2,\cdots,n)$,称 $\Delta f_k=f_{k+1}-f_k$ 为 x_k 处以 h 为步长的一阶差分,类似地称 $\Delta^2 f_k=\Delta f_{k+1}-\Delta f_k$ 为二阶差分,一般地称

$$\Delta^n f_k=\Delta^{n-1}f_{k+1}-\Delta^{n-1}f_k \tag{5.3.10}$$

为 n 阶差分. 依据给定函数表可逐步求出它的各阶差分,而生成以下形式的差分表

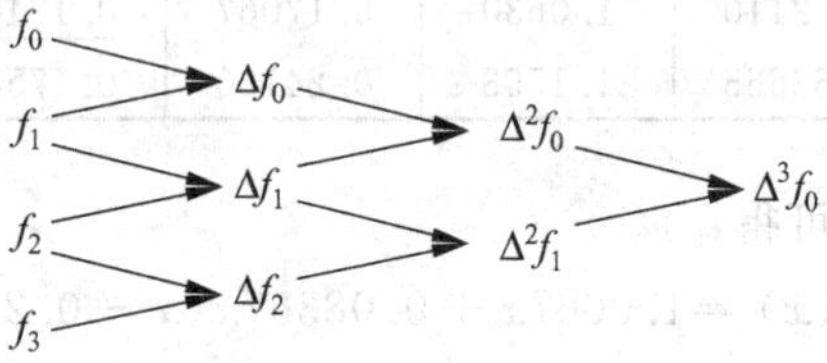

差分与差商有以下关系

$$f[x_k,x_{k+1}]=\frac{f_{k+1}-f_k}{x_{k+1}-x_k}=\frac{\Delta f_k}{h},$$

$$\begin{aligned}f[x_k,x_{k+1},x_{k+2}]&=\frac{f[x_{k+1},x_{k+2}]-f[x_k,x_{k+1}]}{x_{k+2}-x_k}\\ &=\frac{1}{2h^2}\Delta^2 f_k,\end{aligned}$$

一般地有

$$f[x_k,x_{k+1},\cdots,x_{k+m}]=\frac{1}{m!h^m}\Delta^m f_k. \tag{5.3.11}$$

将 Newton 插值多项式(5.3.8)中的差商用(5.3.11)式的差分代替,并令 $x=x_0+th$,则得

$$p_n(x_0+th)=f_0+t\Delta f_0+\frac{1}{2!}t(t-1)\Delta^2 f_0+\cdots$$
$$+\frac{t(t-1)\cdots(t-n+1)}{n!}\Delta^n f_0, \qquad (5.3.12)$$

称为 Newton 前插公式. 其余项由(5.3.9)式可得

$$R_n(x)=\frac{t(t-1)\cdots(t-n)}{(n+1)!}h^{n+1}f^{(n+1)}(\xi), \quad \xi\in(x_0,x_n). \qquad (5.3.13)$$

5.4 Hermite 插值

5.4.1 Newton 插值与 Taylor 插值

在 Newton 插值公式(5.3.8)中,若令 $x_i\to x_0(i=1,2,\cdots,n)$,利用(5.3.7)式中的关系就可得到 Taylor 公式

$$p_n(x)=f(x_0)+f'(x_0)(x-x_0)+\cdots+\frac{f^{(n)}(x_0)}{n!}(x-x_0)^n. \qquad (5.4.1)$$

它实际上是在点 x_0 附近逼近 $f(x)$的一个带导数的插值公式,满足条件

$$p_n^{(k)}(x_0)=f^{(k)}(x_0), \quad k=0,1,2,\cdots,n. \qquad (5.4.2)$$

称(5.4.1)式为 Taylor 插值多项式,它的余项为

$$R_n(x)=\frac{f^{(n+1)}(\xi)}{(n+1)!}(x-x_0)^{n+1}, \quad \xi\in(a,b). \qquad (5.4.3)$$

这与在插值余项(5.2.9)中令 $x_i\to x_0(i=1,2,\cdots,n)$的结果一致,实际上 Taylor 插值是 Newton 插值的极限形式,是满足带导数插值条件(5.4.2)的插值多项式. 一般情形,在给定插值点上除要求函数值相等外,还要求导数值或高阶导数值相等,满足这种要求的

插值多项式称为 Hermite 插值，若给出的插值条件有 $m+1$ 个，则可造出 m 次插值多项式，对于 Hermite 插值，由于插值条件不同，这里不准备给出一般的插值公式，只给出两个常用例子说明建立 Hermite 插值多项式的方法.

5.4.2 两个典型的 Hermite 插值

首先考察两点三次 Hermite 插值，已知插值节点 x_0 及 x_1 上的函数值 $f_0=f(x_0)$、$f_1=f(x_1)$ 和导数值 $f'(x_0)=f'_0$、$f'(x_1)=f'_1$，要求三次多项式 $H_3(x)$，使它满足条件

$$\begin{aligned} H_3(x_0) = f_0, \quad H_3(x_1) = f_1, \\ H'_3(x_0) = f'_0, \quad H'_3(x_1) = f'_1. \end{aligned} \tag{5.4.4}$$

仍采用插值基函数的方法，令

$$H_3(x) = \alpha_0(x)f_0 + \alpha_1(x)f_1 + \beta_0(x)f'_0 + \beta_1(x)f'_1, \tag{5.4.5}$$

其中 $\alpha_0(x)$，$\alpha_1(x)$，$\beta_0(x)$，$\beta_1(x)$称为关于 x_0，x_1 的带导数的插值基函数，它们满足条件

$$\begin{aligned} &\alpha_0(x_0) = 1, \quad \alpha_0(x_1) = 0, \quad \alpha'_0(x_0) = \alpha'_0(x_1) = 0, \\ &\alpha_1(x_0) = 0, \quad \alpha_1(x_1) = 1, \quad \alpha'_1(x_0) = \alpha'_1(x_1) = 0, \\ &\beta_0(x_0) = \beta_0(x_1) = 0, \quad \beta'_0(x_0) = 1, \quad \beta'_0(x_1) = 0, \\ &\beta_1(x_0) = \beta_1(x_1) = 0, \quad \beta'_1(x_0) = 0, \quad \beta'_1(x_1) = 1. \end{aligned}$$

根据给定条件可令

$$\alpha_0(x) = (ax+b)\left(\frac{x-x_1}{x_0-x_1}\right)^2,$$

显然 $\alpha_0(x_1)=\alpha'_0(x_1)=0$，再由

$$\alpha_0(x_0) = ax_0 + b = 1$$

及

$$\alpha'_0(x_0) = a + (ax_0+b)\frac{2}{x_0-x_1} = 0,$$

解得

$$a = -\frac{2}{x_0-x_1}, \quad b = 1 + \frac{2x_0}{x_0-x_1}.$$

于是可得

$$\alpha_0(x)=\left(1+2\,\frac{x-x_0}{x_1-x_0}\right)\left(\frac{x-x_1}{x_0-x_1}\right)^2. \tag{5.4.6}$$

同理可求得

$$\alpha_1(x)=\left(1+2\,\frac{x-x_1}{x_0-x_1}\right)\left(\frac{x-x_0}{x_1-x_0}\right)^2. \tag{5.4.7}$$

为求 $\beta_0(x)$,由给定条件可令

$$\beta_0(x)=a(x-x_0)\left(\frac{x-x_1}{x_0-x_1}\right)^2,$$

直接由 $\beta_0'(x_0)=a=1$ 得

$$\beta_0(x)=(x-x_0)\left(\frac{x-x_1}{x_0-x_1}\right)^2. \tag{5.4.8}$$

同理有

$$\beta_1(x)=(x-x_1)\left(\frac{x-x_0}{x_1-x_0}\right)^2. \tag{5.4.9}$$

将所得结果代入(5.4.5)式,则得

$$\begin{aligned}H_3(x)=&\left(1+2\,\frac{x-x_0}{x_1-x_0}\right)\left(\frac{x-x_1}{x_0-x_1}\right)^2 f_0\\&+\left(1+2\,\frac{x-x_1}{x_0-x_1}\right)\left(\frac{x-x_0}{x_1-x_0}\right)^2 f_1\\&+(x-x_0)\left(\frac{x-x_1}{x_0-x_1}\right)^2 f_0'\\&+(x-x_1)\left(\frac{x-x_0}{x_1-x_0}\right)^2 f_1'.\end{aligned} \tag{5.4.10}$$

称为三次 Hermite 插值. 它的余项为

$$\begin{aligned}R_3(x)&=f(x)-H_3(x)\\&=\frac{1}{4!}f^{(4)}(\xi)(x-x_0)^2(x-x_1)^2,\\&\quad \xi\text{在 }x_0\text{ 与 }x_1\text{ 之间}.\end{aligned} \tag{5.4.11}$$

下面再给出另一个典型例子,求三次多项式 $p_3(x)$,使它满足

条件

$$p_3(x_i) = f(x_i), \quad i = 0,1,2 \text{ 及 } p_3'(x_1) = f'(x_1). \tag{5.4.12}$$

这里仍给出 4 个条件，可造三次多项式，由于插值点有 3 个，故可直接利用 Newton 差商插值形式表示，令

$$\begin{aligned} p_3(x) = & f(x_0) + f[x_0,x_1](x-x_0) \\ & + f[x_0,x_1,x_2](x-x_0)(x-x_1) \\ & + a(x-x_0)(x-x_1)(x-x_2). \end{aligned} \tag{5.4.13}$$

显然它满足条件 $p_3(x_i)=f(x_i)(i=0,1,2)$，a 为待定参数. 由 $p'(x_1)=f'(x_1)$ 可得

$$\begin{aligned} p'(x_1) &= f[x_0,x_1] + f[x_0,x_1,x_2](x_1-x_0) \\ &\quad + a(x_1-x_0)(x_1-x_2) \\ &= f'(x_1), \end{aligned}$$

解得

$$a = \frac{1}{x_1-x_2}\left(\frac{f'(x_1)-f[x_0,x_1]}{x_1-x_0} - f[x_0,x_1,x_2]\right).$$

它的余项表达式为

$$\begin{aligned} R_3(x) &= f(x) - p_3(x) \\ &= \frac{1}{4!}f^{(4)}(\xi)(x-x_0)(x-x_1)^2(x-x_2), \\ &\quad \xi \text{ 在 } x_0 \text{ 与 } x_2 \text{ 之间}. \end{aligned} \tag{5.4.14}$$

例 5.5　设 $f(x)=x^{3/2}$，$x_0=\frac{1}{4}$，$x_1=1$，$x_2=\frac{9}{4}$. 试求 $f(x)$ 在 $\left[\frac{1}{4},\frac{9}{4}\right]$ 上的三次 Hermite 插值多项式 $H(x)$，使它满足

$$H(x_i) = f(x_i)(i=0,1,2), \quad H'(x_1) = f'(x_1).$$

并写出余项 $R(x)=f(x)-H(x)$ 的表达式.

解　由给出的节点可求出

$$f_0 = f\left(\frac{1}{4}\right) = \frac{1}{8}, \quad f_1 = f(1) = 1,$$

$$f_2=f\left(\frac{9}{4}\right)=\frac{27}{8},\quad H'(x_1)=f'(1)=\frac{3}{2}.$$

为了利用 Newton 插值多项式,先求各阶差商,由表

x_i	f_i	一阶差商	二阶差商
$\frac{1}{4}$	$\frac{1}{8}$		
1	1	$\frac{7}{6}$	
$\frac{9}{4}$	$\frac{27}{8}$	$\frac{19}{10}$	$\frac{11}{30}$

得到 $f[x_0,x_1]=\frac{7}{6}$,$f[x_0,x_1,x_2]=\frac{11}{30}$,于是可令

$$H(x)=\frac{1}{8}+\frac{7}{6}\left(x-\frac{1}{4}\right)+\frac{11}{30}\left(x-\frac{1}{4}\right)(x-1)$$
$$+a\left(x-\frac{1}{4}\right)(x-1)\left(x-\frac{9}{4}\right).$$

再由 $H'(1)=f'(1)$可得

$$H'(1)=\frac{7}{6}+\frac{11}{30}\,\frac{3}{4}+a\,\frac{3}{4}\left(-\frac{5}{4}\right)=\frac{3}{2},$$

解得

$$a=-\frac{16}{15}\left(\frac{3}{2}-\frac{7}{6}-\frac{11}{40}\right)=-\frac{14}{225}.$$

于是可得三次 Hermite 插值多项式为

$$H(x)=\frac{1}{8}+\frac{7}{6}\left(x-\frac{1}{4}\right)+\frac{11}{30}\left(x-\frac{1}{4}\right)(x-1)$$
$$-\frac{14}{225}\left(x-\frac{1}{4}\right)(x-1)\left(x-\frac{9}{4}\right)$$
$$=-\frac{14}{225}x^3+\frac{263}{450}x^2+\frac{233}{450}x-\frac{1}{25},$$

余项为

$$R(x)=f(x)-H(x)=\frac{1}{4!}f^{(4)}(\xi)\left(x-\frac{1}{4}\right)(x-1)^2\left(x-\frac{9}{4}\right)$$

$$=\frac{1}{4!}\frac{9}{16}\xi^{-5/2}\left(x-\frac{1}{4}\right)(x-1)^2\left(x-\frac{9}{4}\right)\quad \xi\text{在}\left[\frac{1}{4},\frac{9}{4}\right]\text{内}.$$

5.5 分段插值与三次样条插值

5.5.1 高次插值的缺陷与分段插值

用多项式做插值函数,随着插值点(或插值条件)的增加,插值多项式次数也相应增加,高次插值不但计算复杂且往往效果不理想,考察(5.2.8)式给出的 n 次 Lagrange 插值多项式 $L_n(x)$,当 $n\to\infty$ 时 $L_n(x)$ 不能保证收敛于被插函数 $f(x)$,它说明 n 增加时用 $L_n(x)\approx f(x)$ 效果并不好.

例 5.6 设 $f(x)=\dfrac{1}{1+x^2}$ 在[$-5,5$]分为 10 等分,节点 $x_k=-5+kh,h=1,k=0,1,\cdots,10$,构造 Lagrange 插值多项式 $L_{10}(x)$,在图 5.3 给出 $y=L_{10}(x)$ 的图形(虚线曲线,实线为 $f(x)$ 的图象),可看出它不收敛,Runge 证明了当 $|x|>C\approx3.63$ 时 $L_n(x)$ 发散,这是 Runge 于 1901 年首先给出的,故把等距 Lagrange 插值多项式不收敛的现象称为 Runge 现象. 由于高次等距插值的收敛性没有保证,用 $L_n(x)\approx f(x)$ 的精度也没保证. 当节点 n 较大时通常可用分段低次插值近似 $f(x)$,如用分段线性插值函数近似,设区间[a,b]上的节点为 $a=x_0<x_1<\cdots<x_n\leqslant b$,在每个小区间[$x_i,x_{i+1}$]上构造线性插值多项式,将 n 个小区间上的线性插值拼接起来生成整个区间[a,b]上的插值函数 $S_1(x)$,它实际上就是折线函数,如图 5.4 所示,由于

$$S_1(x_i)=f(x_i),\quad i=0,1,2,\cdots,n.$$

只要 n 足够大,在[a,b]上误差 $|f(x)-S_1(x)|$ 可任意小,实际上 $S_1(x)$ 收敛于 $f(x)$,即

$$\lim_{n\to\infty}S_1(x)=f(x).$$

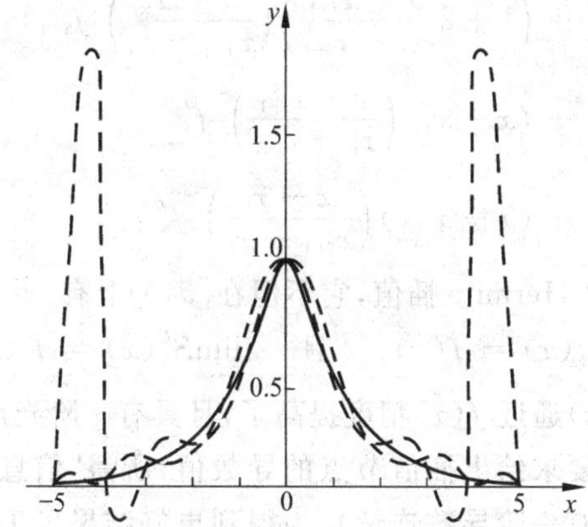

图 5.3

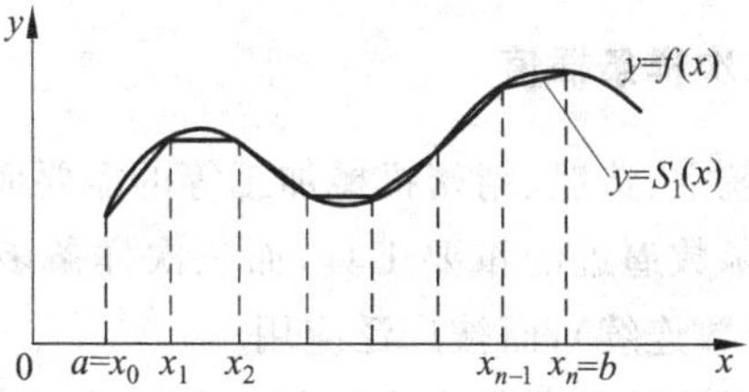

图 5.4

分段线性插值函数 $S_1(x)$ 虽然可以逼近 $f(x)$，且计算简单，但它精度不高，又不光滑. 为了提高精度和光滑度，通常可用分段三次 Hermite 插值，即在每个小区间 $[x_i, x_{i+1}]$ 用带导数的两点三次 Hermite 插值，利用(5.4.10)式的结果，只要将点 x_0, x_1 改为 x_i，x_{i+1} 即可，此时插值条件为

$$S_3(x_i) = f_i, \quad S_3'(x_i) = f_i', \quad i = 0,1,2,\cdots,n. \tag{5.5.1}$$

于是当 $x \in [x_i, x_{i+1}]$ 时

$$S_3(x) = \left(1 + 2\frac{x - x_i}{x_{i+1} - x_i}\right)\left(\frac{x - x_{i+1}}{x_i - x_{i+1}}\right)^2 f_i$$

$$+\left(1+2\frac{x-x_{i+1}}{x_i-x_{i+1}}\right)\left(\frac{x-x_i}{x_{i+1}-x_i}\right)^2 f_{i+1}$$

$$+(x-x_i)\left(\frac{x-x_{i+1}}{x_i-x_{i+1}}\right)^2 f'_i$$

$$+(x-x_{i+1})\left(\frac{x-x_i}{x_{i+1}-x_i}\right)^2 f'_{i+1}, \qquad (5.5.2)$$

称为分段三次 Hermite 插值,它不但在$[a,b]$上有

$$\lim_{n\to\infty} S_3(x)=f(x), \quad 且 \quad \lim_{n\to\infty} S'_3(x)=f'(x).$$

$S_3(x)$比 $S_1(x)$逼近 $f(x)$精度提高了,且具有一阶光滑度,因此效果更佳,但它要求给出插值节点的导数值,所需“信息”太多,光滑度也不高(只有一阶导数连续).为得到更好结果可采用以下的三次样条插值.

5.5.2 三次样条插值

为了满足航空、造船、精密机械加工等的需要而发展起来的样条函数方法是函数逼近的重要工具,而三次样条函数具有二阶光滑度(即二阶导数连续),而被广泛应用.

所谓样条函数就是由每个小区间上低次多项式拼接而成的,前面给出的一次线性插值函数 $S_1(x)$(折线函数)就是一次样条,它的数学定义是在区间$[a,b]$的分点 $a=x_0<x_1<\cdots<x_n=b$ 形成的每个小区间$[x_i,x_{i+1}]$上 $S_1(x)$是一次多项式,且在每个连接点 $x_i(i=1,2,\cdots,n-1)$上函数值连续,即

$$S_1(x_i-0)=S_1(x_i+0), \quad i=1,2,\cdots,n-1.$$

用一次样条函数 $S_1(x)$做插值得到的分段线性插值函数 $S_1(x)$就是一次样条插值.至于三次样条函数,定义如下.

定义 5.2 设$[a,b]$上给出一组节点 $a=x_0<x_1<\cdots<x_n=b$,若函数 $S_3(x)$满足条件:

(1) $S_3(x)$在$[a,b]$上的二阶导数 $S''_3(x)$连续,

(2) $S_3(x)$在每个小区间$[x_i,x_{i+1}]$($i=0,1,\cdots,n-1$)上是三次多项式.

则称 $S_3(x)$是节点 $x_0,x_1,\cdots,x_n$ 上的三次样条函数.若在节点上还满足插值条件

$$S_3(x_i) = f_i,\quad i = 0,1,2,\cdots,n, \tag{5.5.3}$$

则称 $S_3(x)$为$[a,b]$上的三次样条插值函数.

由定义可知 $S_3(x)$在每个小区间$[x_i,x_{i+1}]$上是三次多项式,它有 4 个待定参数,$[a,b]$中共有 n 个小区间,故待定参数为 $4n$ 个,而由定义给出的条件 $S_3''(x)$连续,故它在$[a,b]$内点 $x_1,x_2,\cdots,x_{n-1}$上满足条件

$$\begin{cases} S_3(x_i - 0) = S_3(x_i + 0), \\ S_3'(x_i - 0) = S'_3(x_i + 0), \\ S_3''(x_i - 0) = S_3''(x_i + 0), \quad i = 1,2,\cdots,n-1. \end{cases} \tag{5.5.4}$$

它给出了 $3(n-1)$个条件,此外由(5.5.3)式给出的 $n+1$ 个插值条件,共有 $4n-2$ 个条件.要求得 $4n$ 个参数尚缺两个条件,根据问题的不同情况可补充相应的边界条件,常用的有两种,分别是

问题Ⅰ:$S_3'(x_0)=f_0'$ 及 $S_3'(x_n)=f_n'$. (5.5.5)

问题Ⅱ:$S_3''(x_0)=f_0''$ 及 $S_3''(x_n)=f''_n$,

或 $S_3''(x_0)=S_3''(x_n)=0$(称为自然边界条件). (5.5.6)

为了求三次样条插值 $S_3(x)$.若选取节点上的导数值 $S_3'(x_i)=m_i$ 作为参数,则由(5.5.2)式可得

$$\begin{aligned} S_3(x) = &\left(1+2\,\frac{x-x_i}{x_{i+1}-x_i}\right)\left(\frac{x-x_{i+1}}{x_i-x_{i+1}}\right)^2 f_i \\ &+\left(1+2\,\frac{x-x_{i+1}}{x_i-x_{i+1}}\right)\left(\frac{x-x_i}{x_{i+1}-x_i}\right)^2 f_{i+1} \\ &+(x-x_i)\left(\frac{x-x_{i+1}}{x_i-x_{i+1}}\right)^2 m_i \\ &+(x-x_{i+1})\left(\frac{x-x_i}{x_{i+1}-x_i}\right)^2 m_{i+1},\quad x\in[x_i,x_{i+1}]. \end{aligned} \tag{5.5.7}$$

这样构造的 $S_3(x)$，不管参数 m_i 如何选取，它在节点 x_i 上都是连续的，且 $S'(x)$ 也连续，现在要求选取 $m_i(i=1,2,\cdots,n-1)$ 使二阶导数也连续，对(5.5.7)式的 $S_3(x)$ 求两次导数，得

$$
\begin{aligned}
S_3''(x) = &\frac{2}{h_i^2}\left(1+\frac{2}{h_i}[x-x_i+2(x-x_{i+1})]\right)f_i \\
&+\frac{2}{h_i^2}\left(1-\frac{2}{h_i}[x-x_{i+1}+2(x-x_i)]\right)f_{i+1} \\
&+\frac{2}{h_i^2}(x-x_i+2[x-x_{i+1}])m_i \\
&+\frac{2}{h_i}(x-x_{i+1}+2[x-x_i])m_{i+1},
\end{aligned}
$$

这里 $h_i=x_{i+1}-x_i$，于是在 $[x_i,x_{i+1}]$ 的两端点分别有

$$
\begin{aligned}
S_3''(x_i) &= 6\,\frac{f_{i+1}-f_i}{h_i^2}-\frac{4m_i+2m_{i+1}}{h_i} \\
&= S_3''(x_i+0), \qquad (5.5.8)
\end{aligned}
$$

$$
\begin{aligned}
S_3''(x_{i+1}) &= -6\,\frac{f_{i+1}-f_i}{h_i^2}+\frac{2m_i+4m_{i+1}}{h_i} \\
&= S_3''(x_{i+1}-0). \qquad (5.5.9)
\end{aligned}
$$

而 $S_3''(x_i-0)$ 是区间 $[x_{i-1},x_i]$ 的右端点，故有

$$
S_3''(x_i-0) = -6\,\frac{f_i-f_{i-1}}{h_{i-1}^2}+\frac{2m_{i-1}+4m_i}{h_{i-1}},\quad h_{i-1}=x_i-x_{i-1}.
$$

由条件 $S_3''(x_i-0)=S_3''(x_i+0)$ 可得

$$
\frac{m_{i-1}+2m_i}{h_{i-1}}+\frac{2m_i+m_{i+1}}{h_i}=3\left(\frac{f_i-f_{i-1}}{h_{i-1}^2}+\frac{f_{i+1}-f_i}{h_i^2}\right),
$$

$$
i=1,2,\cdots,n-1. \qquad (5.5.10)
$$

令

$$
\begin{cases}
\mu_i=\dfrac{h_{i-1}}{h_{i-1}+h_i},\quad \lambda_i=1-\mu_i=\dfrac{h_i}{h_{i-1}+h_i}, \\
d_i=3[(1-\mu_i)f[x_{i-1},x_i]+\mu_i f[x_i,x_{i+1}]] \\
\quad=3[f[x_{i-1},x_i]+h_{i-1}f[x_{i-1},x_i,x_{i+1}]].
\end{cases} \qquad (5.5.11)
$$

则(5.5.10)式可改写为

$$\lambda_i m_{i-1} + 2m_i + \mu_i m_{i+1} = d_i, \quad i = 1,2,\cdots,n-1. \tag{5.5.12}$$

这是关于 $m_0, m_1, \cdots, m_n$ 的方程组，对问题Ⅰ，由条件(5.5.5)直接给出

$$m_0 = f'_0, \quad m_n = f'_n.$$

于是在(5.5.12)式中将 m_0 及 m_n 代入，则得关于参数 $m_1, m_2, \cdots, m_{n-1}$ 的三对角方程组，用矩阵形式表示为

$$\begin{pmatrix} 2 & \mu_1 & & & \\ \lambda_2 & 2 & \mu_2 & & \\ & \ddots & \ddots & \ddots & \\ & & \lambda_{n-2} & 2 & \mu_{n-2} \\ & & & \lambda_{n-1} & 2 \end{pmatrix} \begin{pmatrix} m_1 \\ m_2 \\ \vdots \\ m_{n-2} \\ m_{n-1} \end{pmatrix} = \begin{pmatrix} d_1 - \lambda_1 f'_0 \\ d_2 \\ \vdots \\ d_{n-2} \\ d_{n-1} - \mu_{n-1} f'_n \end{pmatrix}, \tag{5.5.13}$$

可用追赶法求得解 $m_1, \cdots, m_{n-1}$ 代入(5.5.7)式就得到所求的三次样条插值函数 $S_3(x)$.

如果给出的边界条件为问题Ⅱ，则由条件(5.5.6)可根据(5.5.8)式和(5.5.9)式求得

$$S''_3(x_0) = 6\frac{f_1 - f_0}{h_0^2} - \frac{4m_0 + 2m_1}{h_0} = f''_0,$$

$$S''_3(x_n) = -6\frac{f_n - f_{n-1}}{h_{n-1}^2} + \frac{2m_{n-1} + 4m_n}{h_{n-1}} = f''_n.$$

由此得到两个方程

$$\begin{aligned} 2m_0 + m_1 &= d_0, \\ m_{n-1} + 2m_n &= d_n, \end{aligned} \tag{5.5.14}$$

其中

$$d_0 = 3f[x_0, x_1] - \frac{h_0}{2}f''_0, \quad d_n = 3f[x_{n-1}, x_n] + \frac{h_{n-1}}{2}f''_n.$$

将这两方程与方程(5.5.12)联立，写成矩阵形式为

$$\begin{pmatrix} 2 & 1 & & & \\ \lambda_1 & 2 & \mu_1 & & \\ \ddots & \ddots & \ddots & & \\ & \lambda_{n-1} & 2 & \mu_{n-1} \\ & & 1 & 2 \end{pmatrix} \begin{pmatrix} m_0 \\ m_1 \\ \vdots \\ m_{n-1} \\ m_n \end{pmatrix} = \begin{pmatrix} d_0 \\ d_1 \\ \vdots \\ d_{n-1} \\ d_n \end{pmatrix}. \tag{5.5.15}$$

这是关于 $m_0, m_1, \cdots, m_n$ 的三对角方程组，可用追赶法求得它的解，从而可由(5.5.7)式得到三次样条插值 $S_3(x)$.

综上所述，求三次样条插值函数 $S_3(x)$的步骤如下：

第 1 步，根据给定的边界条件(5.5.5)或(5.5.6)分别建立三对角方程组(5.5.13)或(5.5.15)，并用追赶法求得解 $m_0, m_1, \cdots, m_n$，从而得到由(5.5.7)式表示的 $S_3(x)$.

第 2 步，根据 $S_3(x)$求出所要计算各点的被插函数 $f(x)$的近似值，并以 $S_3(x)$近似 $f(x)$.

这样得到的 $S_3(x)$及其导数 $S_3'(x)$，$S_3''(x)$分别收敛于 $f(x)$，$f'(x)$及 $f''(x)$. 因此不会出现等距 Lagrange 插值的 Runge 现象，下面仍取例 5.6 提供的函数为实例，比较它们的计算结果.

例 5.7　设 $f(x)=\dfrac{1}{1+x^2}, x\in[-5,5]$，节点为 $x_i=-5+i$ $(i=0,1,2,\cdots,10)$，求三次样条函数 $S_3(x)$，它满足插值条件：

$$S_3(x_i) = f(x_i) \quad (i = 0,1,2,\cdots,10),$$
$$S_3'(-5) = f'(-5), \quad S_3'(5) = f'(5).$$

求 $S_3(x)$并列出表格(表 5.2 中给出的相应各点).

解　本题可根据上述求三次样条插值函数 $S_3(x)$的步骤编程计算，也可直接利用数学库中相应软件计算，结果见表 5.2，表中为了比较还列出了 $f(x)$的值及 Lagrange 插值函数 $L_{10}(x)$的值，$y=L_{10}(x)$的曲线已在图 5.3 中给出.

表 5.2

x	$\frac{1}{1+x^2}$	$S_3(x)$	$L_{10}(x)$
−5.0	0.03846	0.03846	0.03846
−4.8	0.04160	0.03758	0.80438
−4.3	0.05131	0.04842	0.88808
−4.0	0.05882	0.05882	0.05882
−3.8	0.06477	0.06556	−0.20130
−3.3	0.08410	0.08426	−0.10832
−3.0	0.10000	0.10000	0.10000
−2.8	0.11312	0.11366	0.19837
−2.3	0.15898	0.16115	0.24145
−2.0	0.20000	0.20000	0.20000
−1.8	0.23585	0.23154	0.18878
−1.3	0.37175	0.36133	0.31650
−1.0	0.50000	0.50000	0.50000
−0.8	0.60975	0.62420	0.64316
−0.3	0.91743	0.92754	0.94090
0.0	1.00000	1.00000	1.00000

从表中看到 $S_3(x)$能较好地逼近 $f(x)$，不会出现 Runge 现象，如要得到更精确的结果，只要增加插值节点即可.

5.6 曲线拟合的最小二乘法

5.6.1 基本原理

在科学实验或统计方法研究中，往往要从一组实验数据$(x_i, y_i)(i=0,1,2,\cdots,m)$中寻找自变量 x 与因变量 y 之间的一个函数关系 $y=S(x;a_0,\cdots,a_n)(n<m)$，这里 $a_k(k=0,1,2,\cdots,n)$是待定参数，从图形上看就是给定 $m+1$ 个点求曲线拟合问题. 它不同

于插值，因为实验数据通常带有观测误差，如果曲线通过给定的点 (x_i, y_i) 不但把观测误差保留下来，而且曲线方程 $y=S(x)$ 也不一定表示实验数据的客观规律，因此，在函数 $S(x)=S(x;a_0,\cdots,a_n)$ 中要求参数 $a_k(k=0,1,2,\cdots,n)$ 的数目 $n+1$ 中的 $n<m$，且要求节点 x_i 处的误差 $\delta_i=S(x_i)-y_i(i=0,1,2,\cdots,m)$ 的平方和 $\sum_{i=0}^{m}\delta_i^2$ 最小，即根据

$$\sum_{i=0}^{m}[S(x_i;a_0,\cdots,a_n)-y_i]^2 \tag{5.6.1}$$

最小的原则定出参数 $a_k(k=0,1,2,\cdots,n)$，从而得到所求的拟合曲线方程 $y=S^*(x)$.

例 5.8 给定一组实验数据如下：

x_i	2	4	6	8
y_i	2	11	28	40

试求最小二乘曲线拟合.

解 将所给数据标在坐标纸上，如图 5.5 所示，容易看出这些点在一直线附近，因此可设 $S(x)=a_0+a_1x$，由(5.6.1)式，记

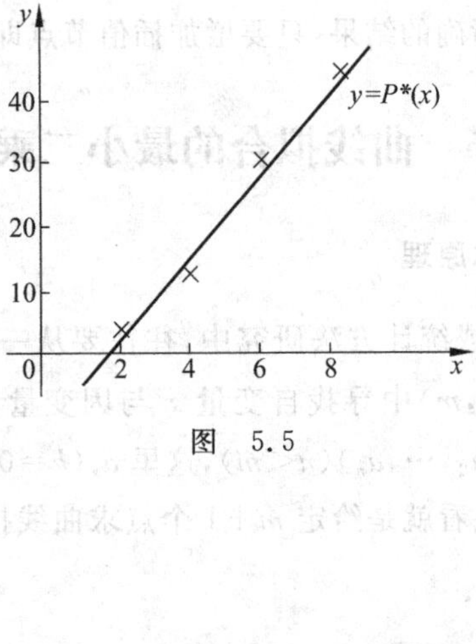

图 5.5

$$F(a_0,a_1)=\sum_{i=0}^{3}[(a_0+a_1x_i)-y_i]^2,$$

这是关于参量 a_0,a_1 的二元函数,利用多元函数极值必要条件得

$$\begin{cases}\dfrac{\partial F}{\partial a_0}=2\sum\limits_{i=0}^{3}[(a_0+a_1x_i)-y_i]=0,\\ \dfrac{\partial F}{\partial a_1}=2\sum\limits_{i=0}^{3}[(a_0+a_1x_i)-y_i]x_i=0.\end{cases}$$

化简得

$$\begin{cases}4a_0+\left(\sum\limits_{i=0}^{3}x_i\right)a_1=\sum\limits_{i=0}^{3}y_i,\\ \left(\sum\limits_{i=0}^{3}x_i\right)a_0+\left(\sum\limits_{i=0}^{3}x_i^2\right)a_1=\sum\limits_{i=0}^{3}x_iy_i.\end{cases}$$

将已给定数据代入后得

$$\begin{cases}4a_0+20a_1=81,\\ 20a_0+120a_1=536.\end{cases}$$

解得

$$a_0=-12.5,\quad a_1=6.55.$$

于是得到拟合曲线方程

$$y=S^*(x)=6.55x-12.5.$$

5.6.2 线性最小二乘法

给定数据$(x_i,y_i)(i=0,1,2,\cdots,m)$,假定拟合曲线为多项式,即

$$S(x)=a_0+a_1x+\cdots+a_nx^n,\quad n<m.$$

由(5.6.1)式可令

$$F(a_0,a_1,\cdots,a_n)=\sum_{i=0}^{m}[(a_0+a_1x_i+\cdots+a_nx_i^n)-y_i]^2. \tag{5.6.2}$$

最小二乘法就是求参量 $a_i(i=0,1,2,\cdots,n)$，使多元函数 $F(a_0,a_1,\cdots,a_n)$ 最小，即求 $a_i=a_i^*$，使

$$F(a_0^*,a_1^*,\cdots,a_n^*)\leqslant F(a_0,a_1,\cdots,a_n).$$

由多元函数极值必要条件可得

$$\frac{\partial F}{\partial a_k}=2\sum_{i=0}^{m}[a_0+a_1x_i+\cdots+a_nx_i^n-y_i]x_i^k=0,$$

$$k=0,1,2,\cdots,n. \tag{5.6.3}$$

这是关于 $a_0,a_1,\cdots,a_n$ 的线性方程组，写成向量与矩阵形式为

$$\begin{pmatrix} m+1 & \sum\limits_{i=0}^{m}x_i & \cdots & \sum\limits_{i=0}^{m}x_i^n \\ \sum\limits_{i=0}^{m}x_i & \sum\limits_{i=0}^{m}x_i^2 & \cdots & \sum\limits_{i=0}^{m}x_i^{n+1} \\ \vdots & \vdots & & \vdots \\ \sum\limits_{i=0}^{m}x_i^n & \sum\limits_{i=0}^{m}x_i^{n+1} & \cdots & \sum\limits_{i=0}^{m}x_i^{2n} \end{pmatrix}\begin{pmatrix} a_0 \\ a_1 \\ \vdots \\ a_n \end{pmatrix}=\begin{pmatrix} \sum\limits_{i=0}^{m}y_i \\ \sum\limits_{i=0}^{m}x_iy_i \\ \vdots \\ \sum\limits_{i=0}^{m}x_i^ny_i \end{pmatrix}. \tag{5.6.4}$$

称此方程为法方程，在一定条件下容易证明此线性方程组的系数矩阵非奇异，故解 $a_k=a_k^*(k=0,1,2,\cdots,n)$ 是存在惟一的，且对任意 $a_k(k=0,1,2,\cdots,n)$ 都有

$$F(a_0^*,a_1^*,\cdots,a_n^*)\leqslant F(a_0,a_1,\cdots,a_n),$$

于是

$$S^*(x)=a_0^*+a_1^*x+\cdots+a_n^*x^n$$

就是多项式模型的最小二乘解，它的平方误差为

$$\|\delta\|_2^2=\sum_{i=0}^{m}[S^*(x_i)-y_i]^2,$$

并定义

$$\|\delta\|_2=\sqrt{\sum_{i=0}^{m}[S^*(x_i)-y_i]^2} \tag{5.6.5}$$

为均方误差.

法方程(5.6.4)当 n 较大时是病态的,因此当 $n\geqslant 3$ 时通常都不用,此时可用正交多项式做基. 即令

$$S(x)=a_0p_0(x)+a_1p_1(x)+\cdots+a_np_n(x),$$

这里 $p_k(x)(k=0,1,2,\cdots,n)$ 是关于给定数据 $(x_i,y_i)(i=0,1,2,\cdots,m)$ 的正交多项式,即 $\{p_k(x)\}$ 满足正交性条件

$$\begin{aligned}(p_k,p_j)&=\sum_{i=0}^{m}p_k(x_i)p_j(x_i)\\&=\begin{cases}0, & j\neq k,\\ a_k>0, & j=k.\end{cases}\end{aligned}\tag{5.6.6}$$

有关利用正交多项式作最小二乘的内容可参见文献[2]. 使用时可直接利用数学库中的现成软件,此处不再讨论.

使用最小二乘法时,模型选择是很重要的,通常它由物理规律或数据分布情况确定,不一定都是线性模型,但一些通过变换后可化为线性模型的模型也同样可以按以上处理线性模型的方法求解. 例如指数模型

$$y=ae^{bx}$$

关于 a,b 并非线性,但对上式两边取对数得

$$\ln y=\ln a+bx.$$

令 $\tilde{y}=\ln y, A=\ln a$,则转化为 $\tilde{y}=A+bx$,它是关于参数 A,b 的线性模型,仍可按例 5.8 的方法处理.

例 5.9 给定数据 $(x_i,y_i)(i=0,1,\cdots,4)$(见表 5.3),根据给定数据确定数学模型为 $y=ae^{bx}$,用最小二乘法确定参数 a,b.

解 由给定数据描图可确定拟合曲线方程为 $y=ae^{bx}$,两边取对数得 $\ln y=\ln a+bx$. 令 $\tilde{y}=\ln y, A=\ln a$,则得 $\tilde{y}=A+bx$. 为确定 b,先将数据 (x_i,y_i) 转化为 $(x_i,\tilde{y}_i)$(见表 5.3).

表　5.3

i	0	1	2	3	4
x_i	1.00	1.25	1.50	1.75	2.00
y_i	5.10	5.79	6.53	7.45	8.46
$\tilde{y}_i$	1.629	1.756	1.876	2.008	2.135

根据最小二乘法原理可得法方程

$$\begin{cases} 5A + \left(\sum_{i=0}^{4} x_i\right) b = \sum_{i=0}^{4} \tilde{y}_i, \\ \left(\sum_{i=0}^{4} x_i\right) A + \left(\sum_{i=0}^{4} x_i^2\right) b = \sum_{i=0}^{4} x_i \tilde{y}_i. \end{cases}$$

计算后得

$$\begin{cases} 5A + 7.50b = 9.404, \\ 7.50A + 11.875b = 14.422. \end{cases}$$

解得 $A=1.122, b=0.505$，故 $a=\mathrm{e}^A=3.071$. 于是得最小二乘拟合曲线方程为

$$y = 3.071\mathrm{e}^{0.505x}.$$

现在很多计算机都有自动选择数学模型的软件，其方法类似本例，通过因变量及自变量的变换得到确定两个参数的线性最小二乘，由于变换函数类型较多，通过不同模型的比较选出较好的拟合曲线，最后输出曲线图形及数学方程.

评　注

插值方法是一个古老而又有效的数学方法. 所谓插值法就是对已给的数据表加工成所需的插值函数，以便计算其他点的函数值，在微积分问世后插值方法又成为函数逼近的重要方法，是数值微积分和微分方程数值解的基础，本章讨论的 Lagrange 插值多项

式理论上较重要，而 Newton 插值多项式则在计算函数近似值上较方便，有关等距节点插值多项式虽然能简化计算，但公式类型太多. 没必要都讨论. 本章只给出 Newton 前插公式. 带导数插值只需掌握有关插值基函数方法及利用已有插值多项式简化条件建立 Hermite 插值的方法，不必记具体公式.

插值问题的 Runge 现象表明等距节点插值多项式并非次数越高越好，因为此时的 Lagrange 插值不是收敛及稳定的. 这表明高阶插值多项式无实用价值，而样条函数插值，特别是三次样条插值，由于具有良好的收敛性和稳定性，且又具有二阶光滑度，因此不但理论上重要，也是实际中常用的，它在计算机图形及其软件中有着十分重要的作用. 详细内容可见文献[13].

曲线拟合的最小二乘法在数据处理中有重要作用，但多项式模型的法方程是病态的，通常应采用离散点的正交多项式作为线性模型的基作最小二乘. 实用中使用经变换后成为两个参数的线性模型是很常用的，应引起重视.

在计算中，无论多项式插值，样条函数插值或最小二乘拟合均可使用数学软件包中的相应软件，在 MATLAB 中有独立的样条函数工具箱.

复习与思考题

1. 什么是 Lagrange 插值基函数？它们是如何构造的？有何重要性质？
2. 什么是函数的 n 阶差商？它有何重要性质？
3. 写出 Lagrange 插值多项式与 Newton 插值多项式. 它们有何异同？
4. 写出插值多项式余项表达式. 如何用它估计截断误差？
5. 什么是样条函数？三次样条插值为什么要增加两个条件？
6. 在给出的函数表中如果数据量特别大，你选择下列哪种方法求该函数表达式？说明理由.

(1) Lagrange 插值多项式；

(2) 分段低次插值；

(3) 三次样条插值；

(4) 最小二乘拟合.

7. 判断下列命题是否正确：

(1) $l_i(x)(i=0,1,2,\cdots,n)$是关于节点 $x_i(i=0,1,2,\cdots,n)$的 Lagrange 基函数，则对任何次数不大于 n 的多项式 $p(x)$都有 $\sum\limits_{i=0}^{n} l_i(x)p(x) = p(x)$；

(2) 当 $f(x)$为连续函数，节点 $x_i(i=0,1,2,\cdots,n)$为等距节点，构造 Lagrange 插值多项式 $L_n(x)$，则 n 越大 $L_n(x)$越接近 $f(x)$；

(3) 同上题，若构造三次样条函数插值，则 n 越大得到的三次样条函数 $S_3(x)$越接近 $f(x)$；

(4) 高次 Lagrange 插值是很常用的；

(5) 函数 $f(x)$的 Newton 插值多项式 $p_n(x)$，如果 $f(x)$的各阶导数存在，则当 $x_i \to x_0(i=1,2,\cdots,n)$时，$p_n(x)$就是 $f(x)$在 x_0 点的 Taylor 展开.

(6) $f(x)$在 x_0 点的 Taylor 展开 $p_n(x)$是满足条件

$$p_n(x_0) = f(x_0), \quad p^{(k)}(x_0) = f^{(k)}(x_0), \quad k = 1,2,\cdots,n$$

的 Hermite 插值多项式.

(7) 曲线拟合的最小二乘模型 $y=ae^{bx}$可以通过变换转化为线性模型.

习题与实验题

1. 给定 $f(x)=\ln x$ 的函数表

x	0.4	0.5	0.6	0.7
$\ln x$	−0.916291	−0.693147	−0.510826	−0.356675

用线性插值与二次插值计算 ln0.54 的近似值并估计误差.

2. 在 $-4 \leqslant x \leqslant 4$ 上给出 $f(x) = e^x$ 的等距节点函数表，若用二次插值法求 e^x 的近似值，要使误差不超过 10^{-6}，函数表的步长 h 应取多少？

3. 设 $x_i(i=0,1,2,\cdots,n)$ 为互异节点，$l_i(x)$ 为 n 次插值基函数，证明

$$\sum_{i=0}^{n} l_i(0)x_i^k = \begin{cases} 1, & k=0, \\ 0, & k=1,2,\cdots,n. \end{cases}$$

4. 若 $f(x)=x^7+x^4+3x+5$，求 $f[2^0,2^1,\cdots,2^7]$和 $f[2^0,2^1,\cdots,2^8]$.

5. 若 $f(x)=\omega_{n+1}(x)=(x-x_0)(x-x_1)\cdots(x-x_n)$，$x_i(i=0,1,2,\cdots,n)$互异，求 $f[x_0,x_1,\cdots,x_p]$的值，$p\leqslant n$.

6. 求证 $\sum\limits_{i=0}^{n-1}\Delta^2 y_i=\Delta y_n-\Delta y_0$.

7. 给定 $f(x)=\cos x$ 的函数表

x_i	0	0.1	0.2	0.3	0.4
$f(x_i)$	1.00000	0.99500	0.98007	0.95534	0.92106

用 Newton 插值公式计算 cos0.048 近似值并估计误差.

8. 求一个次数不高于四次的多项式 $p(x)$，它满足 $p(0)=p'(0)=0$，$p(1)=p'(1)=1$，$p(2)=1$.

9. 求多项式 $p(x)$，使它满足条件 $p(x_0)=f(x_0)$，$p(x_1)=f(x_1)$，$p'(x_0)=f'(x_0)$，$p''(x_0)=f''(x_0)$，并写出其余项表达式.

10. 求次数不超过 3 的多项式 $p(x)$，使满足条件

$$p(0)=0,\quad p'(0)=1,\quad p(1)=1,\quad p'(1)=2.$$

11. 设给定构造三次样条函数 $S_3(x)$的条件：

$$S_3(-1)=y_{-1},\quad S_3(0)=y_0,\quad S_3(1)=y_1,$$
$$S_3'(-1)=m_{-1},\quad S_3'(1)=m_1.$$

试用待定系数法求 $S_3(x)$.

12. 用最小二乘法求一形如 $y=a+bx^2$ 的模型，使它拟合下列数据，并求均方误差.

x_i	19	25	31	38	44
y_i	19.0	32.3	49.0	73.3	97.8

13. 实验题：给定下列函数表

x	0.2	0.4	0.6	0.8	1.0
$f(x)$	0.9798652	0.9177710	0.8080348	0.6386093	0.3843735

试求 $f(x)$的三次样条函数 $S_3(x)$，分别满足：

(1) $f'(0.2)=0.20271$，$f'(1.0)=1.55741$；

(2) 自然边界条件.

第6章 数值积分

6.1 数值积分基本概念

6.1.1 定积分与机械求积

求区间$[a,b]$上的定积分

$$I(f)=\int_a^b f(x)\mathrm{d}x \tag{6.1.1}$$

是工程与科学计算中具有广泛应用的古典问题，求积方法源于求曲边梯形的面积，最古老的求积方法是将区间$[a,b]$等分为若干个小区间，求每个小区间近似面积再相加得到曲边梯形面积的近似值. 微积分发明后，积分定义为和的极限. 而计算积分可利用积分基本定理，如果$f(x)$的原函数为$F(x)$，即$F'(x)=f(x)$，则有如下的求积公式

$$I(f)=\int_a^b f(x)=F(b)-F(a).$$

它使定积分计算变得简单，但在实际应用中很多被积函数找不到用解析式子表示的原函数，例如，积分$\int_0^1 \mathrm{e}^{-x^2}\mathrm{d}x$，或者即使找到表达式也极其复杂. 另外，当被积函数是列表函数，其原函数没有意义. 因此人们又将计算积分归结为求被积函数值的加权平均值.

求积分(6.1.1)之所以困难是由于$y=f(x)$是一曲线，但依据积分中值定理，如果$f(x)$在$[a,b]$上连续，则存在一点$\xi\in[a,b]$，使

$$I(f)=\int_a^b f(x)\mathrm{d}x=(b-a)f(\xi),$$

它表示底为 $b-a$，高为 $f(\xi)$ 的矩形面积，它恰好等于曲边梯形面积，问题是 ξ 点一般是不知道的，但可将 $f(\xi)$ 看成区间 $[a,b]$ 的平均高度. 只要提供一种近似计算 $f(\xi)$ 的算法就可得到计算积分 $I(f)$ 的数值方法. 例如取 $[a,b]$ 中点 $c=\frac{a+b}{2}\approx\xi$，则

$$I(f)=\int_a^b f(x)\mathrm{d}x\approx(b-a)f\left(\frac{a+b}{2}\right),\tag{6.1.2}$$

称其为中矩形公式. 又如大家已熟知的梯形公式

$$I(f)=\int_a^b f(x)\mathrm{d}x\approx\frac{b-a}{2}[f(a)+f(b)],\tag{6.1.3}$$

它是将 $[a,b]$ 两端点函数值平均得到

$$\frac{1}{2}[f(a)+f(b)]\approx f(\xi).$$

而 Simpson 求积公式

$$I(f)\approx\frac{b-a}{6}\left[f(a)+4f\left(\frac{a+b}{2}\right)+f(b)\right]\tag{6.1.4}$$

则是由 $a,b,c=\frac{a+b}{2}$ 三点的加权平均值

$$\frac{1}{6}[f(a)+4f(c)+f(b)]\approx f(\xi)$$

得到的. 更一般地，设 $a\leqslant x_0<x_1<\cdots<x_n\leqslant b$，则积分(6.1.1)的计算公式为

$$\int_a^b f(x)\mathrm{d}x\approx(b-a)\sum_{i=0}^n\alpha_i f(x_i).\tag{6.1.5}$$

称其为机械求积公式，其中 $x_i(i=0,1,2,\cdots,n)$ 称为求积节点，α_i 与 f 无关，称为求积系数或权系数，机械求积公式是将计算积分归结为计算节点函数值的加权平均，即取

$$\sum_{i=0}^n\alpha_i f(x_i)\approx f(\xi)$$

得到的. 由于这类公式计算极其便捷，是计算机上计算积分的主要

方法,构造机械求积公式就转化为求参数 x_i 及 α_i 的代数问题. 本章将讨论机械求积公式的建立,代数精确度及误差估计,收敛性及稳定性等基本概念以及常用的数值求积公式.

6.1.2　求积公式的代数精确度

为了确定求积公式(6.1.5)中参数 x_i 及 $\alpha_i(i=0,1,2,\cdots,n)$ 需要确定一个标准,先考察梯形公式(6.1.3),它是用通过 a,b 两点的直线近似曲线 $y=f(x)$ 得到的(见图 1.3). 实际上,当 $f(x)$ 为任意的一次代数多项式时,公式(6.1.3)是精确成立的. 因为 $f(x)=1$ 时,(6.1.3)式两端都得 $b-a$,而当 $f(x)=x$ 时,$\int_a^b x\mathrm{d}x=\frac{1}{2}(b^2-a^2)=\frac{b-a}{2}(a+b)$ 与右端相等. 由此看到,如果要使求积公式(6.1.5)具有更高精度就必须使公式对更高次的代数多项式精确成立,为此可给出下面的定义.

定义 6.1　一个求积公式(6.1.5),若对 $f(x)$ 是任意次数小于等于 m 的代数多项式精确成立,而对 $f(x)=x^{m+1}$ 不精确成立,则称此求积公式具有 m 次代数精确度.

根据定义,当 $f(x)=1,x,\cdots,x^m$ 时,求积公式(6.1.5)精确成立,于是得到以下等式:

当 $f(x)=1$ 时有 $(b-a)\sum_{i=0}^{n}\alpha_i=\int_a^b\mathrm{d}x=b-a$,即 $\sum_{i=0}^{n}\alpha_i=1$;

当 $f(x)=x$ 时有 $(b-a)\sum_{i=0}^{n}\alpha_i x_i=\int_a^b x\mathrm{d}x=\frac{1}{2}(b^2-a^2)$,

即
$$\sum_{i=0}^{n}\alpha_i x_i=\frac{1}{2}(a+b);$$
$$\vdots$$

当 $f(x)=x^m$ 时有 $\sum_{i=0}^{n}\alpha_i x_i^m=\frac{1}{b-a}\frac{1}{m+1}(b^{m+1}-a^{m+1})$.

而当 $f(x)=x^{m+1}$ 时，$\sum_{i=0}^{n}\alpha_i x_i^{m+1}\neq\frac{1}{b-a}\int_a^b x^{m+1}\mathrm{d}x.$

综上得

$$\begin{cases}\sum_{i=0}^{n}\alpha_i=1,\\ \sum_{i=0}^{n}\alpha_i x_i=\frac{1}{2}(a+b),\\ \sum_{i=0}^{n}\alpha_i x_i^m=\frac{1}{(m+1)(b-a)}(b^{m+1}-a^{m+1}).\end{cases}\tag{6.1.6}$$

方程组(6.1.6)是关于系数 α_i 及节点 $x_i(i=0,1,2,\cdots,n)$ 的方程组，当节点 $x_0,x_1,\cdots,x_n$ 给定时，只要取 $m=n$，则方程组(6.1.6)是关于系数 $\alpha_0,\alpha_1,\cdots,\alpha_n$ 的线性方程组，求此方程组的解就可得到 $\alpha_0,\alpha_1,\cdots,\alpha_n$.

例如，$n=1$ 时，取 $x_0=a,x_1=b$ 得求积公式

$$I(f)=\int_a^b f(x)\mathrm{d}x\approx(b-a)(\alpha_0 f(a)+\alpha_1 f(b)).$$

在方程组(6.1.6)中令 $m=1$，则得

$$\begin{cases}\alpha_0+\alpha_1=1,\\ \alpha_0 a+\alpha_1 b=\frac{1}{2}(a+b).\end{cases}$$

解得

$$\alpha_0=\alpha_1=\frac{1}{2},$$

它就是梯形公式(6.1.3).它表明利用方程组(6.1.6)可推出与用通过 a,b 两点的直线近似曲线得到的结果一致.当 $f(x)=x^2$ 时

$$\frac{1}{2}(a^2+b^2)\neq\frac{1}{b-a}\int_a^b x^2\mathrm{d}x=\frac{1}{3}(b^2+ab+a^2),$$

故梯形公式(6.1.3)的代数精确度为 1.

在方程组(6.1.6)中如果节点 x_i 及系数 α_i 都不固定，那么方

程组(6.1.6)就是关于 x_i 及 $\alpha_i(i=0,1,2,\cdots,n)$的非线性方程组，特别当 $n>1$ 时求解是很困难的，但当 $n=0$ 及 $n=1$ 的情形仍可通过求解方程组(6.1.6)得到相应求积公式. 现就 $n=0$ 讨论公式的代数精确度，此时求积公式为

$$I(f)=\int_a^b f(x)\mathrm{d}x\approx(b-a)\alpha_0 f(x_0).$$

为使公式具有尽量高的代数精确度，由方程组(6.1.6)得

当 $f(x)=1$ 时，有 $\alpha_0=1$，

当 $f(x)=x$ 时，有 $\alpha_0 x_0=\dfrac{1}{2}(a+b)$，

于是解得 $\alpha_0=1, x_0=\dfrac{1}{2}(a+b)$，它就是中矩形公式(6.1.2).

当 $f(x)=x^2$ 时，有

$$(b-a)f(x_0)=\frac{1}{4}(b-a)(a+b)^2\neq\int_a^b x^2\mathrm{d}x=\frac{1}{3}(b^3-a^3).$$

故中矩形公式(6.1.2)的代数精确度是 1.

根据代数精确度定义对形如(6.1.5)的求积公式，只要 n 确定都可由方程组(6.1.6)求出 x_i 及 $\alpha_i(i=0,1,2,\cdots,n)$，对于求积公式中包含有 $f'(x)$在节点上的值的情形，同样可利用代数精确度定义建立求积公式.

例 6.1 给定形如 $\int_0^1 f(x)\mathrm{d}x\approx A_0 f(0)+A_1 f(1)+B_0 f'(0)$ 的求积公式，试确定系数 A_0, A_1, B_0 使公式具有尽可能高的代数精确度.

解 为使公式具有尽可能高的代数精确度，可令 $f(x)=1, x, x^2$ 分别代入公式使它精确成立.

当 $f(x)=1$ 时得 $\quad A_0+A_1=\int_0^1\mathrm{d}x=1$，

当 $f(x)=x$ 时得 $\quad A_1+B_0=\int_0^1 x\mathrm{d}x=\dfrac{1}{2}$，

当 $f(x)=x^2$ 时得 $A_1=\int_0^1 x^2\mathrm{d}x=\frac{1}{3}$.

解得 $A_1=\frac{1}{3}$， $A_0=\frac{2}{3}$， $B_0=\frac{1}{6}$. 于是有

$$\int_0^1 f(x)\mathrm{d}x\approx\frac{2}{3}f(0)+\frac{1}{3}f(1)+\frac{1}{6}f'(0).$$

当 $f(x)=x^3$ 时，$\int_0^1 x^3\mathrm{d}x=\frac{1}{4}$,而上式右端为$\frac{1}{3}$,故公式对 $f(x)=x^3$ 不精确成立,故它的代数精确度是 2.

6.1.3 求积公式的余项

若求积公式(6.1.5)的代数精确度为 m,则可由此得到求积公式的余项表达式

$$\begin{aligned}R_n(x)&=\int_a^b f(x)\mathrm{d}x-(b-a)\sum_{i=0}^{n}\alpha_i f(x_i)\\&=Kf^{(m+1)}(\xi),\end{aligned}\tag{6.1.7}$$

其中 K 为不依赖 $f(x)$的数,$\xi\in(a,b)$,这式子表示当 $f(x)$为次数小于等于 m 的代数多项式时,由于 $f^{(m+1)}(x)=0$,故此时 $R_n(x)=0$,即公式(6.1.5)精确成立,而当 $f(x)=x^{m+1}$ 时,$f^{(m+1)}(x)=(m+1)!$. 而等式(6.1.7)左端不为零,故可得

$$\begin{aligned}K&=\frac{1}{(m+1)!}\left[\int_a^b x^{m+1}\mathrm{d}x-(b-a)\sum_{i=0}^{n}\alpha_i x_i^{m+1}\right]\\&=\frac{1}{(m+1)!}\left[\frac{1}{m+2}(b^{m+2}-a^{m+2})-(b-a)\sum_{i=0}^{n}\alpha_i x_i^{m+1}\right].\end{aligned}$$

由此算出 K,则可得到余项表达式(6.1.7),它就是求积公式(6.1.5)的截断误差.

例 6.2 试求梯形公式(6.1.3)及中矩形公式(6.1.2)的余项表达式.

解 梯形公式(6.1.3)的代数精确度为 1,故余项表达式为

$$R_1(x)=\int_a^b f(x)\mathrm{d}x-\frac{b-a}{2}[f(a)+f(b)]$$
$$=Kf''(\xi),\quad \xi\in(a,b).$$

令 $f(x)=x^2$，得 $f''(\xi)=2$，于是

$$K=\frac{1}{2}\left[\int_a^b x^2\mathrm{d}x-\frac{b-a}{2}(a^2+b^2)\right]$$
$$=\frac{1}{2}\left[\frac{1}{3}(b^3-a^3)-\frac{b-a}{2}(a^2+b^2)\right]$$
$$=\frac{1}{2}\left[-\frac{(b-a)^3}{6}\right]=\frac{-(b-a)^3}{12}.$$

故梯形公式(6.1.3)的余项为

$$R_1(x)=-\frac{(b-a)^3}{12}f''(\xi),\quad \xi\in(a,b).\qquad(6.1.8)$$

对中矩形公式(6.1.2)，其代数精确度也是1，故 $R_1(x)=Kf''(\xi)$，其中

$$K=\frac{1}{2}\left[\frac{1}{3}(b^3-a^3)-(b-a)\left(\frac{a+b}{2}\right)^2\right]=\frac{(b-a)^3}{24}.$$

故余项表达式为

$$R_1(x)=\frac{(b-a)^3}{24}f''(\xi),\quad \xi\in(a,b).\qquad(6.1.9)$$

例6.3 求例6.1中求积公式的余项.

解 由于该求积公式的代数精确度为2，故余项表达式为 $Kf'''(\xi)$，令 $f(x)=x^3$，得 $f'''(x)=3!$，于是有

$$K=\frac{1}{3!}\left[\int_0^1 x^3\mathrm{d}x-\left(\frac{2}{3}f(0)+\frac{1}{3}f(1)+\frac{1}{6}f'(0)\right)\right]$$
$$=\frac{1}{3!}\left(\frac{1}{4}-\frac{1}{3}\right)=-\frac{1}{72}.$$

故该求积公式余项为

$$R(f)=-\frac{1}{72}f'''(\xi),\quad \xi\in(0,1).$$

6.1.4 求积公式的收敛性与稳定性

求积公式(6.1.5)的收敛性可如下定义

定义 6.2 若$\lim\limits_{n\to\infty}(b-a)\sum\limits_{i=0}^{n}\alpha_i f(x_i)=\int_a^b f(x)\mathrm{d}x$,则称求积公式(6.1.5)是收敛的.

收敛性是考察求积节点数趋于无穷时,即$\Delta x_i=x_{i+1}-x_i\to 0$时,积分和式是否收敛于$I(f)$,对常用的求积公式其收敛性将在后面给出.

关于求积公式的稳定性,是考察当$f(x_i)$有误差时计算和式

$$I_n(f)=(b-a)\sum_{i=0}^{n}\alpha_i f(x_i)$$

的舍入误差是否增长.现设$f(x_i)\approx\tilde{f}_i$,误差为

$$\delta_i=f(x_i)-\tilde{f}_i\quad(i=0,1,2,\cdots,n).$$

定义 6.3 对任给$\varepsilon>0$,若$\exists\delta>0$,只要$|\delta_i|=|f(x_i)-\tilde{f}_i|\leqslant\delta(i=0,1,2,\cdots,n)$就有

$$|I_n(f)-I_n(\tilde{f})|\leqslant\varepsilon,$$

则称求积公式(6.1.5)是稳定的.

定义表明只要被积函数值$f(x_i)$的误差$|\delta_i|$充分小,积分和式$I_n(f)$的误差就可任意小,求积公式(6.1.5)就是数值稳定的,舍入误差就可忽略不计.

定理 6.1 若求积公式的系数$\alpha_i>0(i=0,1,2,\cdots,n)$,则该求积公式就是稳定的.

证明 由于$\alpha_i>0(i=0,1,2,\cdots,n)$,且$|f(x_i)-\tilde{f}_i|\leqslant\delta(i=0,1,2,\cdots,n)$,故有

$$|I_n(f)-I_n(\tilde{f})|=(b-a)\left|\sum_{i=0}^{n}\alpha_i(f(x_i)-\tilde{f}_i)\right|$$

$$\leqslant(b-a)\delta\sum_{i=0}^{n}\alpha_i=\delta(b-a).$$

于是对 $\forall\varepsilon>0$，$\exists\delta=\dfrac{\varepsilon}{b-a}$，只要 $|\delta_i|\leqslant\delta$ 就有

$$|I_n(f)-I_n(\tilde{f})|\leqslant\delta(b-a)\leqslant\varepsilon,$$

故求积公式(6.1.5)是稳定的.

6.2　等距节点求积公式

6.2.1　Newton-Cotes 公式与 Simpson 公式

将求积区间 $[a,b]$ 划分为 n 等分，节点为 $x_i=a+ih$，$h=\dfrac{b-a}{n}$，$i=0,1,2,\cdots,n$，构造形如(6.1.5)式的求积公式，此时方程组(6.1.6)中的节点 $x_i(i=0,1,2,\cdots,n)$ 为已知，令 $m=n$，于是方程组(6.1.6)是关于 $\alpha_0,\alpha_1,\cdots,\alpha_n$ 的 $n+1$ 个待定参数的线性方程组

$$\begin{bmatrix}1 & 1 & \cdots & 1\\ x_0 & x_1 & \cdots & x_n\\ \vdots & \vdots & & \vdots\\ x_0^n & x_1^n & \cdots & x_n^n\end{bmatrix}\begin{bmatrix}\alpha_0\\ \alpha_1\\ \vdots\\ \alpha_n\end{bmatrix}=\begin{bmatrix}1\\ b_1\\ \vdots\\ b_n\end{bmatrix},\tag{6.2.1}$$

其中 $b_i=\dfrac{1}{i+1}\dfrac{b^{i+1}-a^{i+1}}{b-a}(i=1,2,\cdots,n)$. 因 x_i 互异，故此方程组的系数行列式不为零，因此解存在惟一，记其解为 $\alpha_k=C_k^{(n)}(k=0,1,2,\cdots,n)$，此时求积公式为

$$I(f)=\int_a^b f(x)\mathrm{d}x\approx(b-a)\sum_{k=0}^{n}C_k^{(n)}f(x_k).\tag{6.2.2}$$

称其为 Newton-Cotes 求积公式，其中 $C_k^{(n)}$ 称为 Cotes 系数. 当 $n=1$ 时，$x_0=a$，$x_1=b$，得系数 $C_0^{(1)}=C_1^{(1)}=\dfrac{1}{2}$，就是梯形公式(6.1.3).

当 $n=2$ 时，$x_0=a$，$x_1=\dfrac{a+b}{2}$，$x_2=b$，此时求积公式形如

$$\int_a^b f(x)\mathrm{d}x \approx (b-a)\left[C_0^{(2)} f(a) + C_1^{(2)} f\left(\frac{a+b}{2}\right) + C_2^{(2)} f(b)\right].$$

为求得系数 $C_0^{(2)}$，$C_1^{(2)}$ 及 $C_2^{(2)}$，可以简化处理，令 $a=-1, b=1$，于是上述积分具有形式

$$\int_{-1}^1 f(x)\mathrm{d}x \approx 2[\alpha_0 f(-1) + \alpha_1 f(0) + \alpha_2 f(1)],$$

它对 $f(x)=1, x, x^2$ 精确成立，由方程组(6.2.1)可知

$$\begin{cases} \alpha_0 + \alpha_1 + \alpha_2 = 1, \\ -\alpha_0 + \alpha_2 = 0, \\ \alpha_0 + \alpha_2 = \dfrac{1}{3}. \end{cases}$$

由此解得 $\alpha_0 = \alpha_2 = \dfrac{1}{6} = C_0^{(2)} = C_1^{(2)}$，而 $\alpha_1 = \dfrac{4}{6} = C_1^{(2)}$，于是得求积公式

$$\int_a^b f(x)\mathrm{d}x \approx \frac{b-a}{6}\left[f(a) + 4f\left(\frac{a+b}{2}\right) + f(b)\right]. \tag{6.2.3}$$

称其为 Simpson 公式. 可验证当 $f(x)=x^3$ 时，(6.2.3)式左端为 $\int_a^b x^3\mathrm{d}x = \dfrac{1}{4}(b^4-a^4)$，而右端经整理也有 $\dfrac{b-a}{6}\left[a^3 + 4\left(\dfrac{a+b}{2}\right)^2 + b^3\right] = \dfrac{1}{4}(b^4-a^4)$，而当 $f(x)=x^4$ 代入求积公式两端，它不精确成立. 因此求积公式(6.2.3)的代数精确度为 3.

Newton-Cotes 求积公式的系数 $C_k^{(n)}$ 可见表 6.1. 从表中看到 $n=8$ 时出现负数，稳定性没有保证，因此一般只使用 $n\leqslant 4$ 的公式. Newton-Cotes 公式的代数精确度至少是 n 次，但 n 为偶数时为 $n+1$ 次，如 $n=2$ 时代数精确度为 3，一般情况不再验证. $n=4$ 时的公式称为 Cotes 公式.

表 6.1

n	$C_k^{(n)}$								
1	$\frac{1}{2}$	$\frac{1}{2}$							
2	$\frac{1}{6}$	$\frac{2}{3}$	$\frac{1}{6}$						
3	$\frac{1}{8}$	$\frac{3}{8}$	$\frac{3}{8}$	$\frac{1}{8}$					
4	$\frac{7}{90}$	$\frac{16}{45}$	$\frac{2}{15}$	$\frac{16}{45}$	$\frac{7}{90}$				
5	$\frac{19}{288}$	$\frac{25}{96}$	$\frac{25}{144}$	$\frac{25}{144}$	$\frac{25}{96}$	$\frac{19}{288}$			
6	$\frac{41}{840}$	$\frac{9}{35}$	$\frac{9}{280}$	$\frac{34}{105}$	$\frac{9}{280}$	$\frac{9}{35}$	$\frac{41}{840}$		
7	$\frac{751}{17280}$	$\frac{3577}{17280}$	$\frac{1323}{17280}$	$\frac{2989}{17280}$	$\frac{2989}{17280}$	$\frac{1323}{17280}$	$\frac{3577}{17280}$	$\frac{751}{17280}$	
8	$\frac{989}{28350}$	$\frac{5888}{28350}$	$\frac{-928}{28350}$	$\frac{10496}{28350}$	$\frac{-4540}{28350}$	$\frac{10496}{28350}$	$\frac{-928}{28350}$	$\frac{5888}{28350}$	$\frac{989}{28350}$

根据求积公式的代数精确度可以求得它的余项表达式. 仍以 $n=2$ 为例,此时余项为

$$R_2(f) = Kf^{(4)}(\xi), \quad \xi \in (a,b). \tag{6.2.4}$$

当 $f(x)=x^4$ 时,由(6.2.3)式有

$$\begin{aligned}R_2(f) &= \int_a^b x^4 \mathrm{d}x - \frac{b-a}{6}\left[a^4 + 4\left(\frac{a+b}{2}\right)^4 + b^4\right] \\ &= \frac{1}{5}(b^5 - a^5) - \frac{b-a}{6}\left[a^4 + 4\left(\frac{a+b}{2}\right)^4 + b^4\right] \\ &= -\frac{(b-a)^5}{120}.\end{aligned}$$

而(6.2.4)式右端为

$$Kf^{(4)}(\xi) = K(4!),$$

于是 $K = \frac{-1}{4!}\frac{(b-a)^5}{120}$,从而可得 Simpson 公式(6.2.3)的余项表

达式为

$$R_2(f)=-\frac{b-a}{180}\left(\frac{b-a}{2}\right)^4 f^{(4)}(\xi),\quad \xi\in(a,b). \qquad (6.2.5)$$

6.2.2 复合梯形公式与复合 Simpson 公式

直接使用梯形公式(6.1.3)及 Simpson 公式(6.2.3)计算积分 $I(f)$,误差较大,达不到精度要求,但若将区间$[a,b]$分为 n 个小区间,在小区间上应用这些求积公式就可达到精度要求.为此可取分点 $x_k=a+kh,h=\frac{b-a}{n}$,在每个小区间$[x_k,x_{k+1}]$上用梯形公式(6.1.3),则得

$$I(f)=\int_a^b f(x)\mathrm{d}x=\sum_{k=0}^{n-1}\int_{x_k}^{x_{k+1}} f(x)\mathrm{d}x$$

$$\approx\sum_{k=0}^{n-1}\frac{h}{2}[f(x_k)+f(x_{k+1})],$$

或记

$$I(f)\approx T_n=\frac{h}{2}\Big[f(a)+2\sum_{k=1}^{n-1}f(x_k)+f(b)\Big]. \qquad (6.2.6)$$

称其为复合梯形公式.根据定积分定义,可知

$$\lim_{n\to\infty}T_n=\lim_{h\to 0}\frac{1}{2}\Big[\sum_{k=0}^{n-1}f(x_k)h+\sum_{k=1}^{n}f(x_k)h\Big]=\int_a^b f(x)\mathrm{d}x,$$

故复合梯形公式(6.2.6)是收敛的.且(6.2.6)式的求积系数均大于零,故它也是稳定的.而(6.2.6)式的截断误差,可由余项(6.1.8)得到

$$R_n(f)=I(f)-T_n=\sum_{k=0}^{n-1}-\frac{h^3}{12}f''(\xi_k)$$

$$=-\frac{b-a}{12}h^2\,\frac{1}{n}\sum_{k=0}^{n-1}f''(\xi_k),\quad \xi_k\in[x_k,x_{k+1}].$$

如果 $f''(x)$在$[a,b]$上连续,则$\exists\,\xi\in(a,b)$使

$$\frac{1}{n}\sum_{k=0}^{n-1} f''(\xi_k) = f''(\xi).$$

于是

$$R_n(f) = -\frac{b-a}{12}h^2 f''(\xi), \quad \xi \in (a,b). \qquad (6.2.7)$$

若$\max\limits_{a\leqslant x\leqslant b}|f''(x)|\leqslant M_2$,则得误差估计式

$$|R_n(f)| \leqslant \frac{b-a}{12}Mh^2.$$

它表明复合梯形公式的误差阶为$O(h^2)$.

如果在每个小区间$[x_k, x_{k+1}]$上使用 Simpson 公式(6.2.3),则得

$$\begin{aligned} I(f) &= \int_a^b f(x)\mathrm{d}x = \sum_{k=0}^{n-1}\int_{x_k}^{x_{k+1}} f(x)\mathrm{d}x \\ &\approx \frac{h}{6}\left[f(a) + 4\sum_{k=0}^{n-1} f(x_{k+\frac{1}{2}}) + 2\sum_{k=1}^{n-1} f(x_k) + f(b)\right] \\ &= S_n. \end{aligned} \qquad (6.2.8)$$

称其为复合 Simpson 公式,它的余项由(6.2.5)式可得

$$\begin{aligned} R_n(f) &= I(f) - S_n \\ &= -\frac{h}{180}\left(\frac{h}{2}\right)^4 \sum_{k=0}^{n-1} f^{(4)}(\eta_k), \quad \eta_k \in (x_k, x_{k+1}) \\ &= -\frac{b-a}{180}\left(\frac{h}{2}\right)^4 f^{(4)}(\eta), \quad \eta \in (a,b), \end{aligned}$$

即

$$R_n(f) = -\frac{b-a}{2880}h^4 f^{(4)}(\eta), \quad \eta \in (a,b). \qquad (6.2.9)$$

它表明$R_n(f)=O(h^4)$. 此外,还可证明

$$\lim_{n\to\infty} S_n = \int_a^b f(x)\mathrm{d}x.$$

故复合 Simpson 公式(6.2.8)是收敛的,并且$A_k>0(k=0,1,$

$2,\cdots,n)$，故公式也是稳定的.

例 6.4 用 $n=8$ 的复合梯形公式及 $n=4$ 的复合 Simpson 公式，计算积分 $I=\int_0^1\frac{\sin x}{x}\mathrm{d}x$，并估计误差.

解 只要将区间[0,1]分为 8 等分，用公式(6.2.6)时取 $n=8,h=0.125$，对复合 Simpson 公式取 $n=4,h=0.25$. 计算各分点 $x_k(k=0,1,2,\cdots,8)$的函数值 $f(x_k)=\frac{\sin x_k}{x_k}$.

其中 $f(0)=\lim\limits_{x\to 0}\frac{\sin x}{x}=1$. 其余各值见下表.

k	x_k	$f(x_k)$	k	x_k	$f(x_k)$
0	0	1.0000000	5	0.625	0.9361556
1	0.125	0.9973978	6	0.75	0.9088516
2	0.25	0.9896158	7	0.875	0.8771925
3	0.375	0.9767267	8	1	0.8414709
4	0.5	0.9588510			

由公式(6.2.6)及公式(6.2.8)得

$$T_8=\frac{1}{16}\Big[f(0)+2\sum_{k=1}^{7}f(x_k)+f(1)\Big]=0.9456909,$$

$$\begin{aligned}S_4=&\frac{1}{24}\times[f(0)+4\times(f(0.125)+f(0.375)+f(0.625)\\&+f(0.875))+2\times(f(0.25)+f(0.5)\\&+f(0.75))+f(1)]\\=&0.9460832.\end{aligned}$$

为了估计误差，需要求 $f(x)=\frac{\sin x}{x}$的高阶导数，由于

$$f(x)=\frac{\sin x}{x}=\int_0^1\cos(xt)\mathrm{d}t,$$

所以

$$f^{(k)}(x)=\int_0^1\frac{\mathrm{d}^k}{\mathrm{d}x^k}\cos(xt)\mathrm{d}t=\int_0^1 t^k\cos\left(xt+\frac{k\pi}{2}\right)\mathrm{d}t.$$

故

$$|f^{(k)}(x)|\leqslant\int_0^1 t^k\left|\cos\left(xt+\frac{k\pi}{2}\right)\right|\mathrm{d}t\leqslant\int_0^1 t^k\mathrm{d}t=\frac{1}{k+1}.$$

由(6.2.7)式得

$$|R_8(f)|=|I(f)-T_8|=\left|-\frac{1}{12}h^2f''(\eta)\right|$$

$$\leqslant\frac{1}{12}\left(\frac{1}{8}\right)^2\frac{1}{3}=0.000434.$$

对 Simpson 公式,由(6.2.9)式得

$$|R_4(f)|=|I(f)-S_4|\leqslant\frac{1}{2880}\left(\frac{1}{4}\right)^4\frac{1}{5}=0.271\times10^{-6}.$$

例 6.5 计算积分 $I=\int_0^1 \mathrm{e}^x\mathrm{d}x$,若用复合梯形公式,问区间[0,1]应分多少等分才能使截断误差不超过 $\frac{1}{2}\times10^{-5}$?若改用复合 Simpson 公式,要达到同样精确度,区间[0,1]应分多少等分?

解 本题只要根据 T_n 及 S_n 的余项表达式(6.2.7)及(6.2.9)即可求出其截断误差应满足的精度. 由于 $f(x)=\mathrm{e}^x$, $f''(x)=\mathrm{e}^x$, $f^{(4)}(x)=\mathrm{e}^x$, $b-a=1$,对复合梯形公式

$$|R_n(f)|=\left|-\frac{b-a}{12}h^2f''(\eta)\right|\leqslant\frac{1}{12}\left(\frac{1}{n}\right)^2\mathrm{e}\leqslant\frac{1}{2}\times10^{-5},$$

由此得 $n^2\geqslant\frac{e}{6}\times10^5$, $n\geqslant212.85$,可取 $n=213$,即将区间[0,1]分为 213 等分后用复合梯形公式(6.2.6)计算其误差不超过 $\frac{1}{2}\times10^{-5}$.

若用复合 Simpson 公式(6.2.8)计算,则要求

$$|R_n(f)|=\frac{b-a}{2880}h^4\ |f^{(4)}(\eta)|\leqslant\frac{1}{2880}\left(\frac{1}{n}\right)^4\mathrm{e}\leqslant\frac{1}{2}\times10^{-5}.$$

由此得 $n^4 \geqslant \frac{e}{144} \times 10^4$，$n \geqslant 3.7066$，可取 $n=4$，即将区间[0,1]分为8等分，故用 $n=4$ 的复合 Simpson 公式(6.2.8)求此积分可达精度为 $\frac{1}{2} \times 10^{-5}$.

6.3 Romberg 求积公式

6.3.1 复合梯形公式的递推化与加速

在计算机上用等距节点求积公式时，若精度不够可以将区间 $[a,b]$ 的等分数 n 改为 $2n$. 当 $[a,b]$ 为 n 等分时，节点 $x_k = a + kh$，$h = \frac{b-a}{n}$，此时在 $[x_k, x_{k+1}]$ 上的梯形公式为

$$\int_{x_k}^{x_{k+1}} f(x)\mathrm{d}x \approx \frac{h}{2}[f(x_k) + f(x_{k+1})].$$

若节点加密一倍，区间长为 $\frac{b-a}{2n}$，记 $[x_k, x_{k+1}]$ 的中点为 $x_{k+\frac{1}{2}}$. 在同一区间 $[x_k, x_{k+1}]$ 上复合梯形公式为

$$\int_{x_k}^{x_{k+1}} f(x)\mathrm{d}x \approx \frac{h}{4}[f(x_k) + 2f(x_{k+\frac{1}{2}}) + f(x_{k+1})].$$

于是可得加密后的复合梯形公式

$$\begin{aligned} T_{2n} &= \frac{h}{4}\sum_{k=0}^{n-1}[f(x_k) + f(x_{k+1}) + 2f(x_{k+\frac{1}{2}})] \\ &= \frac{1}{2}T_n + \frac{h}{2}\sum_{k=0}^{n-1} f(x_{k+\frac{1}{2}}). \end{aligned} \tag{6.3.1}$$

它表明 T_{2n} 是在 $\frac{1}{2}T_n$ 基础上加 $\frac{h}{2}$ 乘新节点 $x_{k+\frac{1}{2}}$ 上的函数值之和. 而不必每次用(6.2.6)式重新计算 T_{2n}. 公式(6.3.1)提供了节点加密后梯形公式的递推算法. 而由于节点加密在区间 $[x_k, x_{k+1}]$ 中

也可用 Simpson 公式计算，即

$$\int_{x_k}^{x_{k+1}} f(x)\mathrm{d}x \approx \frac{h}{6}[f(x_k)+4f(x_{k+\frac{1}{2}})+f(x_{k+1})].$$

它的精度比 T_n 及 T_{2n} 高，而使用的函数值是相同的，它表明用 T_n 及 T_{2n} 两者进行松弛可以得到 S_n，即 $S_n=T_{2n}+\omega(T_{2n}-T_n)$，$\omega$ 为松弛参数. 容易算出 $\omega=\frac{1}{3}$ 时，$S_n=\frac{4}{3}T_{2n}-\frac{1}{3}T_n$. 下面再从复合梯形公式的余项表达式进行分析. 由于

$$I(f)-T_n=-\frac{b-a}{12}h^2 f''(\eta),\quad \eta\in(a,b),$$

$$I(f)-T_{2n}=-\frac{b-a}{12}\left(\frac{h}{2}\right)^2 f''(\bar{\eta}),\quad \bar{\eta}\in(a,b).$$

若 $f''(\eta)\approx f''(\bar{\eta})$，则得

$$\frac{I(f)-T_n}{I(f)-T_{2n}}\approx 4 \quad 或 \quad I(f)\approx T_{2n}+\frac{1}{3}(T_{2n}-T_n).$$

此式表明积分值 $I(f)\approx T_{2n}$，其误差近似 $\frac{1}{3}(T_{2n}-T_n)$. 它是计算机上估计复合梯形公式误差的近似方法. 若 $\frac{1}{3}|T_{2n}-T_n|\leqslant\varepsilon$（给定精度），则 $I(f)\approx T_{2n}$ 即为所求. 但若直接由公式

$$I(f)\approx\frac{4}{3}T_{2n}-\frac{1}{3}T_n=S_n \tag{6.3.2}$$

求得 $I(f)$，则它就是复合 Simpson 公式，而 $I(f)-T_{2n}=O(h^2)$，$I(f)-S_n=O(h^4)$，它表明由 T_n 及 T_{2n} 两值的松弛可得到精度更高的计算公式.

6.3.2　Simpson 公式的加速与 Romberg 算法

按照梯形公式加速的思想，如果将区间 $[x_k, x_{k+1}]$ 分为 4 个小区间，长度为 $\frac{h}{4}$，则可由 T_{2n} 推到 T_{4n}，再由 $S_{2n}=\frac{4}{3}T_{4n}-\frac{1}{3}T_{2n}$，求

出 S_{2n}. 于是有

$$I(f)-S_n=-\frac{b-a}{180}\left(\frac{h}{2}\right)^4 f^{(4)}(\eta),\quad \eta\in(a,b),$$

$$I(f)-S_{2n}=-\frac{b-a}{180}\left(\frac{h}{4}\right)^4 f''(\bar{\eta}),\quad \bar{\eta}\in(a,b).$$

若假定 $f^{(4)}(\eta)\approx f^{(4)}(\bar{\eta})$，则得

$$\frac{I(f)-S_{2n}}{I(f)-S_{4n}}\approx 16$$

或

$$I(f)\approx S_{2n}+\frac{1}{15}(S_{2n}-S_n)=C_n. \tag{6.3.3}$$

此公式若只用 $S_{2n}\approx I(f)$，则误差为 $\frac{1}{15}(S_{2n}-S_n)$. 但直接用 $I(f)\approx\frac{16}{15}S_{2n}-\frac{1}{15}S_n$，计算积分 $I(f)$，实际上它相当于复合的 Cotes 公式 C_n，其精度可达到 $I(f)-C_n=O(h^6)$，它表明由 S_n 及 S_{2n}松弛可得到精度为$O(h^6)$的求积公式. 同样道理可以用 C_n 及 C_{2n}的值松弛得到具有 $O(h^8)$精度的求积公式，依此类推，可以将区间$[a,b]$逐次二等分，由梯形公式出发，逐次提高精度得到一个新的算法，称为 Romberg 算法. 为便于在计算机上计算，可引入新的记号. 用 $T_0^{(k)}$ 表示将区间$[a,b]$二分 k 次，即 $n=2^k$ 的复合梯形公式. 此时$[a,b]$分为 2^k 等分，步长 $h=\frac{b-a}{2^k}$，当 $k=0,1,2,\cdots$，逐次得到的复合梯形公式记作 $T_0^{(0)},T_0^{(1)},\cdots$，由梯形公式加速得到的 Simpson 公式序列 S_n 记为$\{T_1^{(k)}\}$，即 $T_1^{(1)},T_1^{(2)},\cdots$，由它加速得到的 Cotes 公式序列记为$\{T_2^{(k)}\}$，即 $T_2^{(2)},T_2^{(3)},\cdots$，若加速 m 次，则得$\{T_m^{(k)}\}$，它可表示为

$$T_m^{(k)}=\frac{4^m T_{m-1}^{(k)}-T_{m-1}^{(k-1)}}{4^m-1},\quad k=1,2,\cdots;m=1,2,\cdots,k. \tag{6.3.4}$$

这就是 Romberg 求积公式，当 $m=1$ 时，即为公式(6.3.2)；当 $m=2$ 时，即为公式(6.3.3). 计算从 $k=0$，即 $h=b-a$ 出发，求 $T_0^{(0)}$，再逐次二分 $h=\dfrac{b-a}{2^k}$，$k=1,2,\cdots$，逐次求出 T 表(见表 6.2)，当 k 增加时，先由(6.3.1)式从 $T_0^{(k-1)}$ 算出 $T_0^{(k)}$，再由(6.3.4)式对 $m=1,2,\cdots,k$ 计算 $T_m^{(k)}$，当 f 充分光滑时可证明

$$\lim_{k\to\infty}T_m^{(k)}=I(f),\quad m=0,1,2,\cdots,k\quad (T\text{ 表任一列}),$$

$$\lim_{k\to\infty}T_k^{(k)}=I(f)\quad (T\text{ 表对角线}).$$

计算到 $|T_k^{(k)}-T_{k-1}^{(k-1)}|\leqslant\varepsilon$(精度要求)为止.

表 6.2　T 表

k	n	h	$T_0^{(k)}$	$T_1^{(k)}$	$T_2^{(k)}$	$T_3^{(k)}$	$T_4^{(k)}$
0	1	$b-a$	$T_0^{(0)}$ ↓				
1	2	$\dfrac{b-a}{2}$	$T_0^{(1)}$ → ↓	$T_1^{(1)}$			
2	4	$\dfrac{b-a}{4}$	$T_0^{(2)}$ → ↓	$T_1^{(2)}$ →	$T_2^{(2)}$		
3	8	$\dfrac{b-a}{8}$	$T_0^{(3)}$ → ↓	$T_1^{(3)}$ →	$T_2^{(3)}$ →	$T_3^{(3)}$	
4	16	$\dfrac{b-a}{16}$	$T_0^{(4)}$ →	$T_1^{(4)}$ →	$T_2^{(4)}$ →	$T_3^{(4)}$ →	$T_4^{(4)}$
⋮	⋮	⋮	⋮	⋮	⋮	⋮	⋮

例 6.6　用 Romberg 求积公式求 $I(f)=\int_0^1\dfrac{\sin x}{x}\mathrm{d}x$ 的近似值，使其具有 6 位有效数字.

解　本题直接用梯形递推公式(6.3.1)及 Romberg 求积公式(6.3.4)，按 T 表依次计算

$$T_0^{(0)} = \frac{1}{2}[f(0)+f(1)] = 0.9207355,$$

$$T_0^{(1)} = \frac{1}{2}T_0^{(0)} + \frac{1}{2}f(0.5) = 0.9397933,$$

$$T_1^{(1)} = \frac{1}{3}(4T_0^{(1)} - T_0^{(0)}) = 0.9461459,$$

其余计算结果见 T 表(表 6.3).

表 6.3

k	$T_0^{(k)}$	$T_1^{(k)}$	$T_2^{(k)}$	$T_3^{(k)}$
0	0.9207355			
1	0.9397933	0.9461459		
2	0.9445135	0.9460869	0.9460830	
3	0.9456909	0.9460833	0.9460831	0.9460831

由于 $|T_2^{(2)} - T_3^{(3)}| = 0.0000001 < \frac{1}{2}\times 10^{-6}$，故停止计算，$I(f)\approx 0.9460831$ 即为所求.

Romberg 算法是计算机上计算积分的简便方法，算法程序简单、工作量小，通常只加速三四次(即 $k=3$ 或 4)即可满足精度要求.

6.4 Gauss 求积方法

前面讨论的求积方法求积节点都是等距的，求积公式的代数精确度也受到限制，为得到具有最高代数精确度的求积公式，在公式(6.1.5)中，如果系数 α_i 和节点 $x_i(i=0,1,2,\cdots,n)$ 都作为待定参数，于是公式中共有 $2n+2$ 个待定参数. 由方程组(6.1.6)可知，要定出这些参数方程个数也应为 $2n+2$ 个，即 $m=2n+1$，也就是说可使求积公式的代数精确度达到 $2n+1$ 次，这种具有最高代数精确度的求积公式就称为 Gauss 求积公式. 下面考察 $n=1$ 的情形，给定求积区间为$[-1,1]$，于是有公式

$$I(f)=\int_{-1}^{1}f(x)\mathrm{d}x\approx 2[\alpha_0 f(x_0)+\alpha_1 f(x_1)]. \tag{6.4.1}$$

令它对 $f(x)=1,x,x^2,x^3$ 精确成立，由方程组(6.1.6)可得

$$\begin{cases}\alpha_0+\alpha_1=1,\\ \alpha_0 x_0+\alpha_1 x_1=0,\\ \alpha_0 x_0^2+\alpha_1 x_1^2=\dfrac{1}{3},\\ \alpha_0 x_0^3+\alpha_1 x_1^3=0.\end{cases} \tag{6.4.2}$$

这是含有 4 个未知数的非线性方程组，它的求解一般较为困难，但这里可运用对称性原则进行处理，由于 Gauss 求积公式具有高精度，它的结构也具有对称性，在公式(6.4.1)中，若令

$$\alpha_1=\alpha_0,\quad x_1=-x_0$$

则方程组(6.4.2)中第 2 个方程和第 4 个方程自然成立，因而可简化为

$$2\alpha_0=1,\quad 2\alpha_0 x_0^2=\frac{1}{3}.$$

由此解得

$$\alpha_0=\alpha_1=\frac{1}{2},\quad x_1=-x_0=\frac{1}{\sqrt{3}},$$

于是可得两点 Gauss 求积公式

$$\int_{-1}^{1}f(x)\mathrm{d}x\approx f\left(-\frac{1}{\sqrt{3}}\right)+f\left(\frac{1}{\sqrt{3}}\right). \tag{6.4.3}$$

它具有 3 次代数精确度. 此代数精确度相当于三点的 Simpson 求积公式(6.2.3)的代数精确度. 对更高阶的 Gauss 求积公式，显然不可能用求解类似于形式(6.4.2)的非线性方程组的方法，且实用

价值也较小，主要还是用低阶公式将区间[a,b]分为小区间构造复合 Gauss 求积公式，除对两点 Gauss 求积公式(6.4.3)进行复合，有时也用到 $n=2$ 时的三点 Gauss 求积公式

$$I(f)=\int_{-1}^{1}f(x)\mathrm{d}x\approx\frac{5}{9}f\left(-\sqrt{\frac{3}{5}}\right)+\frac{8}{9}f(0)+\frac{5}{9}f\left(\sqrt{\frac{3}{5}}\right).\qquad(6.4.4)$$

它具有 5 次代数精确度，这相当于五点($n=4$)的 Newton-Cotes 公式(即 Cotes 公式)的代数精确度.

如果积分区间为[a,b]，使用时需将区间变换为[-1,1]，即令

$$x=\frac{b+a}{2}+\frac{b-a}{2}t,$$

这时积分变换为

$$\int_a^b f(x)\mathrm{d}x=\frac{b-a}{2}\int_{-1}^{1}f\left(\frac{b+a}{2}+\frac{b-a}{2}t\right)\mathrm{d}t.$$

如两点 Gauss 求积公式变换为

$$\begin{aligned}I(f)&=\int_a^b f(x)\mathrm{d}x\\&=\frac{b-a}{2}\left[f\left(\frac{b+a}{2}-\frac{b-a}{2\sqrt{3}}\right)+f\left(\frac{b+a}{2}+\frac{b-a}{2\sqrt{3}}\right)\right].\end{aligned}$$

对带权的积分

$$I(f)=\int_a^b\rho(x)f(x)\mathrm{d}x,$$

这里 $\rho(x)\geqslant0$ 称为权函数，当 $\rho(x)\equiv1$ 时为普通积分，同样可构造求积公式

$$I(f)=\int_a^b\rho(x)f(x)\mathrm{d}x\approx\sum_{k=0}^{n}A_kf(x_k).\qquad(6.4.5)$$

如果它具有 $2n+1$ 次代数精确度，则称为 Gauss 型求积公式.

例 6.7 试构造 $n=1$ 的 Guass 型求积公式

$$\int_0^1 \sqrt{x} f(x) \mathrm{d}x \approx A_0 f(x_0) + A_1 f(x_1), \tag{6.4.6}$$

使它具有 3 次代数精确度.

解　令(6.4.6)式对 $f(x)=1,x,x^2,x^3$ 精确成立,于是可得

$$\begin{cases} A_0 + A_1 = \int_0^1 \sqrt{x}\,\mathrm{d}x = \dfrac{2}{3}, \\ A_0 x_0 + A_1 x_1 = \int_0^1 x^{\frac{3}{2}}\,\mathrm{d}x = \dfrac{2}{5}, \\ A_0 x_0^2 + A_1 x_1^2 = \int_0^1 x^{\frac{5}{2}}\,\mathrm{d}x = \dfrac{2}{7}, \\ A_0 x_0^3 + A_1 x_1^3 = \int_0^1 x^{\frac{7}{2}}\,\mathrm{d}x = \dfrac{2}{9}. \end{cases} \tag{6.4.7}$$

这是关于 A_0, A_1 与 x_0, x_1 四个特定参数的非线性方程组,它不具对称结构,但可利用消去法将方程化简,注意到

$$A_0 x_0 + A_1 x_1 = (A_0 + A_1) x_0 + A_1 (x_1 - x_0),$$

利用方程组(6.4.7)第 1 个方程,可将第 2 个方程化为

$$\frac{2}{3} x_0 + A_1 (x_1 - x_0) = \frac{2}{5}.$$

同样利用方程组(6.4.7)的第 2 个方程化第 3 个方程为

$$\frac{2}{5} x_0 + A_1 x_1 (x_1 - x_0) = \frac{2}{7}.$$

再利用方程组(6.4.7)的第 3 个方程化第 4 个方程为

$$\frac{2}{7} x_0 + A_1 x_1^2 (x_1 - x_0) = \frac{2}{9}.$$

进一步整理可化简为

$$\begin{cases} \dfrac{2}{5}(x_0 + x_1) - \dfrac{2}{3} x_0 x_1 = \dfrac{2}{7}, \\ \dfrac{2}{7}(x_0 + x_1) - \dfrac{2}{5} x_0 x_1 = \dfrac{2}{9}. \end{cases}$$

由此解出

$$x_0 x_1 = \frac{5}{21}, \quad x_0 + x_1 = \frac{10}{9}.$$

从而得到

$$x_0 = 0.289949, \quad x_1 = 0.821162,$$

$$A_1 = 0.389111, \quad A_0 = 0.277556.$$

于是形如(6.4.6)式的 Gauss 型求积公式是

$$\int_0^1 \sqrt{x} f(x) \mathrm{d}x \approx 0.277556 f(0.289949) + 0.389111 f(0.821162).$$

评　注

本章讨论计算定积分的数值求积方法是机械求积法，它将积分计算转化为计算被积函数在若干节点上的值的线性组合. 从而能方便地在计算机上实现，本章重点讨论用代数精确度概念确定求积节点及系数，将问题归结为确定这些参数的代数问题，它分两种情形，如果节点固定，通常为等距节点，这时只需求解线性方程组，则可得到求积系数. 由此得到的求积公式为 Newton-Cotes 求积公式，但它在 $n=8$ 时求积系数出现负值，计算是不稳定的，故通常只用 $n=1,2,4$ 的梯形公式、Simpson 公式和 Cotes 公式. 若精度不够可采用等分区间得到其复合求积公式，尤以复合梯形公式及复合 Simpson 公式最常用，特别是由梯形公式出发加速得到的 Romberg 算法在不增加计算量的前提下提高了精度，且计算程序简单，已成为在计算机上数值求积的有效算法.

另一类是节点不先固定的求积公式，可使代数精确度达到 $2n+1$ 次的 Gauss 求积公式，构造这类求积公式要解非线性方程组，当 $n \geqslant 2$ 时求解是困难的，但它可利用正交多项式性质直接得到求积节点，有关理论可参看文献[5,15]，带权 Gauss 求积公式可把复杂积分简化，也可用于求奇异积分.

本章未涉及数值积分中一些重要内容，如奇异积分、振荡函数积分和二重积分的数值计算，以及多重积分的统计试验方法——Monte Carlo 方法，有关内容可参见文献[5,14].

从实用角度，不管本章是否涉及，有关数值求积均可使用数学软件，如 MATLAB 软件就有一维(quad/quadl)和两维(dblquad)的标准积分软件.

复习与思考题

1. 什么是机械求积公式？它有何特点？

2. 什么是求积公式的代数精确度？如何利用代数精确度的定义来构造求积公式？它与求积余项有何关系？

3. 写出梯形求积公式及余项表达式. 它的代数精确度是多少？什么是复合梯形公式？其余项表达式如何？

4. 什么是 Simpson 公式？它的代数精确度是多少？写出其复合公式及余项表达式.

5. 一个节点的 Gauss 求积公式是什么？它的代数精确度是多少？其余项表达式是什么？

6. 判断下列命题是否正确：

(1) 机械求积公式计算都是稳定的；

(2) 复合梯形公式与复合 Simpson 公式都是收敛于积分值 $I(f)$ 的；

(3) $n\geqslant 8$ 的 Newton-Cotes 公式通常都是不用的；

(4) 梯形公式与两点 Gauss 求积公式都是计算两个函数值，计算量相当，精度也是一样的；

(5) 求积公式的代数精确度是衡量算法稳定性的标准；

(6) 尽管复合梯形公式的精度只有 $O(h^2)$，但由它加速得到的 Romberg 算法却可达到 $O(h^{2m+2})$ 阶，其中 m 为加速次数；

(7) $n+1$ 个节点的 Gauss 求积公式的代数精确度是 $2n+1$ 次.

习题与实验题

1. 判断下列求积公式的代数精确度.

(1) $\int_0^1 f(x)\mathrm{d}x \approx \frac{3}{4}f\left(\frac{1}{3}\right)+\frac{1}{4}f(1)$；

(2) $\int_0^3 f(x)\mathrm{d}x \approx \frac{3}{8}[f(0)+3f(1)+3f(2)+f(3)]$.

2. 确定下列求积公式中的待定参数，使其代数精确度尽量高，并指明求积公式所具有的代数精确度.

(1) $\int_0^1 f(x)\mathrm{d}x \approx Af(0)+Bf(x_1)+Cf(1)$；

(2) $\int_0^1 f(x)\mathrm{d}x \approx A_0 f\left(\frac{1}{4}\right)+A_1 f\left(\frac{1}{2}\right)+A_2 f\left(\frac{3}{4}\right)$；

(3) $\int_{-h}^{h} f(x)\mathrm{d}x \approx A_0 f(-h)+A_1 f(0)+A_2 f(h)$；

(4) $\int_{-h}^{h} f(x)\mathrm{d}x \approx A_0 f(-h)+A_1 f(x_1)$.

3. 分别用 $n=8$（即 8 等分）的复合梯形公式和复合 Simpson 公式计算积分

$$\int_0^1 \frac{x}{4+x^2}\mathrm{d}x.$$

4. 用 Simpson 公式求积分 $\int_0^1 \mathrm{e}^{-x}\mathrm{d}x$ 并估计误差.

5. 计算积分 $I=\int_0^{\frac{\pi}{2}} \sin x\mathrm{d}x$. 若用复合 Simpson 公式要使误差不超过 $\frac{1}{2}\times 10^{-5}$，问区间 $\left[0,\frac{\pi}{2}\right]$ 要分为多少等分？若改用复合梯形公式达到同样精度，区间 $\left[0,\frac{\pi}{2}\right]$ 应分为多少等分？

6. 用 Romberg 求积法求积分 $\frac{2}{\sqrt{\pi}}\int_0^1 \mathrm{e}^{-x}\mathrm{d}x$ ，取 $k=3$.

7. 证明求积公式

$$\int_a^b f(x)\mathrm{d}x \approx \frac{b-a}{2}[f(a)+f(b)]-\frac{(b-a)^2}{12}[f'(b)-f'(a)]$$

具有 3 次代数精确度.

8. 用三点 Gauss 求积公式计算积分.

(1) $\int_{-1}^{1}\sqrt{x+1.5}\,\mathrm{d}x$；　(2) $\int_{0}^{1}x^2\mathrm{e}^x\,\mathrm{d}x$.

9. 试确定常数 A,B,C 及 α，使求积公式

$$\int_{-2}^{2}f(x)\mathrm{d}x\approx Af(-\alpha)+Bf(0)+Cf(\alpha)$$

有尽可能高的代数精确度？所得公式的代数精确度是多少？它是否为 Gauss 求积公式？

10. 建立 Gauss 型求积公式 $\int_{0}^{1}\frac{1}{\sqrt{x}}f(x)\mathrm{d}x\approx A_0f(x_0)+A_1f(x_1)$.

11. 实验题：给出积分

(1) $\int_{0}^{2}x^2\mathrm{e}^{-x^2}\,\mathrm{d}x$；　(2) $\int_{\frac{\pi}{2}}^{\frac{3}{4}\pi}\cot x\,\mathrm{d}x$.

实验要求：

(1) 用 Romberg 算法计算上面积分，要求到 $|T_{k-1}^{(k-1)}-T_{k}^{(k)}|<10^{-6}$ 结束. 要求输出 T 表；

(2) 用复合两点 Gauss 求积公式计算，取 $n=4.8$，输出计算结果；

(3) 分析比较上述计算结果.

第 7 章　常微分方程初值问题差分法

7.1　基本理论与离散化方法

科学计算中经常要求解常微分方程的定解问题，它有初值问题与边值问题两大类，本章只讨论初值问题，并且着重考察一阶常微分方程的初值问题

$$\begin{cases} y' = f(x,y), \\ y(x_0) = y_0. \end{cases} \tag{7.1.1}$$

如果存在实数 $L>0$，使对 $\forall\, y_1, y_2 \in \mathbb{R}$ 有

$$| f(x,y_1) - f(x,y_2) | \leqslant L \mid y_1 - y_2 \mid, \tag{7.1.2}$$

则称 f 关于 y 满足 Lipschitz 条件（简称 Lips 条件），其中 L 称为 Lips 常数.

关于初值问题解的存在惟一性有以下重要结论.

定理 7.1　设 f 在区域 $D=\{(x,y)\mid a\leqslant x\leqslant b, y\in\mathbb{R}\}$ 上连续，关于 y 满足 Lips 条件，则对于任意 $x_0\in[a,b]$，$y_0\in\mathbb{R}$，初值问题(7.1.1)在$x\in[a,b]$上存在惟一的连续可微解 $y(x)$.

这是常微分方程理论最重要的结论，是讨论数值解的出发点. 此外，还要考察初值问题解对初始值 x_0 扰动的敏感性，它有下面的结论.

定理 7.2　设 f 在定理 7.1 中定义的区域 D 上连续且关于 y 满足 Lips 条件，假设 $y(x,s)$是初值问题

$$y'(x) = f(x,y), \quad y(x_0) = s$$

的解，则

$$| y(x,s_1) - y(x,s_2) | \leqslant e^{L|x-x_0|} | s_1 - s_2 |.$$

定理表明初值问题对初始值依赖的敏感性与右端函数 f 有关,当 f 对 y 的 Lips 常数 L 比较小时,解对初始值和右端函数的扰动相对不敏感,可视为好条件. 反之,则为坏条件,即为病态问题,也称刚性(stiff)问题. 本章不讨论.

如果右端函数 f 是可微的,由中值定理有

$$| f(x,y_1) - f(x,y_2) | = | f'_y(x,\xi) | | y_1 - y_2 |,$$

$$\xi \text{ 在 } y_1 \text{ 与 } y_2 \text{ 之间}.$$

若假定 $f_y(x,y)$在 D 上有界,设$|f'_y(x,y)| \leqslant L$,则由上式可知条件(7.1.2)成立. 故右端函数 f 关于 y 变化快慢可刻画初值问题是否病态.

求方程(7.1.1)的解 $y=y(x)$是一个连续问题,能用解析方法求解的方程为数甚少,而用计算机求解初值问题都是采用数值方法,就是在区间$[a,b]$上的一组离散点 $x_0<x_1<\cdots<x_n<\cdots$ 上求 $y(x)$的近似$y_0,y_1,\cdots,y_n,\cdots$,通常取 $x_n=x_0+nh(n=0,1,2,\cdots)$,$h$ 称为步长,求方程(7.1.1)的数值解是按节点 $x_i(i=1,2,\cdots)$顺序逐步推进求得 $y_1,y_2,\cdots$. 因此首先要将连续问题离散化,一种离散化方法是直接用差商近似导数 $y'(x)$(见下节 Euler 法),如果要得到更精确的数值方法则可利用解 $y(x)$的 Taylor 展开,另一种离散方法是对方程(7.1.1)两端积分,将其转化为积分

$$y(x_{n+1}) - y(x_n) = \int_{x_n}^{x_{n+1}} f(x,y(x))\mathrm{d}x. \tag{7.1.3}$$

利用数值积分方法将它离散化. 从而得到计算 $y_1,y_2,\cdots$的各种计算公式,称为差分格式,这些数值方法统称为差分方法. 此外还要讨论方法的局部截断误差、收敛性与差分方法稳定性. 本章重点介绍 Euler 法及其理论,其他方法只讨论算法及相关结论.

7.2 Euler 法与梯形法

7.2.1 Euler 法与后退 Euler 法

在初值问题(7.1.1)中,将 x_n 点导数 $y'(x_n)$ 用差商 $\frac{y(x_{n+1})-y(x_n)}{h}$ 代替,于是方程(7.1.1)可写成

$$y(x_{n+1}) \approx y(x_n) + hf(x_n, y(x_n)), \quad n = 0,1,2,\cdots \tag{7.2.1}$$

若用 $y(x_n)$ 的近似 y_n 代入右端,并记结果为 y_{n+1},由此得到

$$y_{n+1} = y_n + hf(x_n, y_n), \quad n = 0,1,2,\cdots \tag{7.2.2}$$

称为 Euler 法.

Euler 法的几何意义如图 7.1 所示,初值问题(7.1.1)的解曲线 $y=y(x)$ 过点 $P_0(x_0, y_0)$,从 P_0 出发,以 $f(x_0, y_0)$ 为斜率作一直线,与直线 $x=x_1$ 交于点 $P_1(x_1, y_1)$,显然有 $y_1=y_0+hf(x_0, y_0)$;再从 P_1 出发,以 $f(x_1, y_1)$ 为斜率作直线推进到 $x=x_2$ 上一点 P_2;其余类推. 这样得到解曲线 $y=y(x)$ 的一条近似曲线,它就是折线 $\overline{P_0P_1P_2\cdots}$.

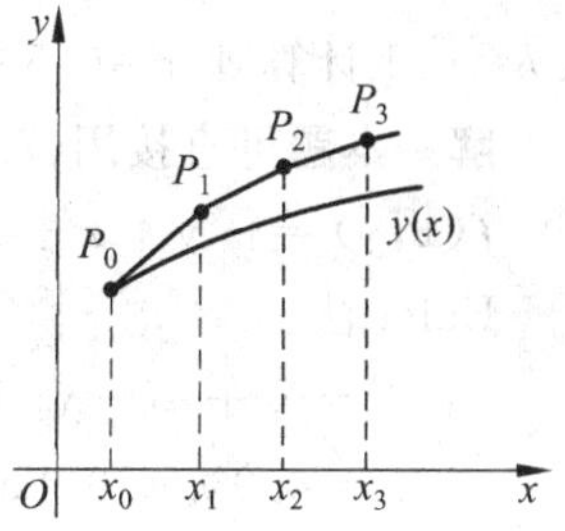

图 7.1

在方程(7.1.1)中若改用差商 $\frac{y(x_{n+1})-y(x_n)}{h}$ 近似 $y'(x_{n+1})$,则可得到

$$\frac{y(x_{n+1}) - y(x_n)}{h} \approx f(x_{n+1}, y(x_{n+1})).$$

从而可导出差分格式

$$y_{n+1} = y_n + hf(x_{n+1}, y_{n+1}), \quad n = 0,1,2,\cdots \tag{7.2.3}$$

称为后退 Euler 法，或隐式 Euler 法. 它与(7.2.2)式有本质区别，对(7.2.2)式由 y_n 可直接求出 y_{n+1}，称为显式的，而(7.2.3)式右端 f 有未知的 y_{n+1}，称为隐式的，它是关于 y_{n+1} 的函数方程，计算时若 f 关于 y 是非线性函数时，一般要用迭代法求解，即

$$y_{n+1}^{(s+1)} = y_n + hf(x_{n+1}, y_{n+1}^{(s)}), \quad s = 0,1,2,\cdots \tag{7.2.4}$$

与(7.2.3)式相减得

$$\begin{aligned} |y_{n+1}^{(s+1)} - y_{n+1}| &= h\,|f(x_{n+1}, y_{n+1}^{(s)}) - f(x_{n+1}, y_{n+1})| \\ &\leqslant hL\,|y_{n+1}^{(s)} - y_{n+1}|, \end{aligned}$$

其中 L 为 f 关于 y 的 Lips 常数，只要 $hL<1$ 则迭代过程(7.2.4)收敛.

例 7.1 用 Euler 法与隐式 Euler 法解

$$y' = -y + x + 1, \quad y(0) = 1.$$

取 $h=0.1$ 计算到 $x=0.5$ 并与精确解比较.

解 本题可直接用(7.2.2)式及(7.2.3)式计算，此时

$$f(x,y) = -y + x + 1, \quad h = 0.1, \quad x_0 = 0, \quad y_0 = 1.$$

Euler 法

$$\begin{aligned} y_{n+1} &= y_n + h(-y_n + x_n + 1) = (1-h)y_n + hx_n + h \\ &= 0.9y_n + 0.1x_n + 0.1, \quad n = 0,1,2,3,4. \end{aligned}$$

对隐式 Euler 法

$$y_{n+1} = y_n + h(-y_{n+1} + x_{n+1} + 1),$$

可直接解出

$$\begin{aligned} y_{n+1} &= \frac{1}{1+h}(y_n + hx_{n+1} + h) \\ &= \frac{1}{1.1}(y_n + 0.1x_n + 0.11), \quad n = 0,1,2,3,4. \end{aligned}$$

计算结果见表 7.1.

表 7.1

n	x_n	Euler 法 y_n	隐式 Euler 法 y_n	$y(x_n)$
0	0	1	1	1
1	0.1	1.000000	1.009091	1.004837
2	0.2	1.010000	1.026466	1.018731
3	0.3	1.029000	1.051315	1.040818
4	0.4	1.056100	1.083014	1.070320
5	0.5	1.090490	1.120922	1.106531

7.2.2 局部截断误差与收敛性

用(7.2.2)式由 x_n 计算 x_{n+1} 上的值 y_{n+1} 时，若 $y_n=y(x_n)$ 没有误差，则由(7.2.2)式可得

$$y(x_{n+1})-y_{n+1}=y(x_{n+1})-y(x_n)-hf(x_n,y(x_n)),$$

称为 Euler 法的局部截断误差. 记

$$T_{n+1}=y(x_{n+1})-y(x_n)-hf(x_n,y(x_n)),\quad (7.2.5)$$

它是用精确解 $y(x_n)$ 代入(7.2.2)式产生的误差，利用 Taylor 展开得

$$\begin{aligned}y(x_{n+1})&=y(x_n+h)\\&=y(x_n)+hy'(x_n)+\frac{h^2}{2}y''(x_n)+\frac{h^3}{3!}y'''(x_n)+\cdots\end{aligned}$$

于是

$$T_{n+1}=y(x_{n+1})-y(x_n)-hy'(x_n)=\frac{h^2}{2}y''(x_n)+O(h^3).$$

这就是 Euler 法(7.2.2)式的局部截断误差，称 $\frac{h^2}{2}y''(x_n)$ 为主项，阶为 $O(h^2)$，一般地，若方法的局部截断误差 $T_{n+1}=O(h^{p+1})$，则称方法的阶为 p. 故 Euler 法为一阶方法.

对于后退 Euler 法(7.2.3)式，其局部截断误差由 Taylor 展

开得

$$
\begin{aligned}
T_{n+1} &= y(x_{n+1}) - y(x_n) - hf(x_{n+1}, y(x_{n+1})) \\
&= y(x_{n+1}) - y(x_n) - hy'(x_{n+1}) \\
&= y(x_n + h) - y(x_n) - hy'(x_n + h) \\
&= hy'(x_n) + \frac{h^2}{2}y''(x_n) + \cdots - h[y'(x_n) + hy''(x_n) + \cdots] \\
&= -\frac{h^2}{2}y''(x_n) + O(h^3) = O(h^2).
\end{aligned}
$$

它的主项与 Euler 法只差一个符号,为$-\frac{h^2}{2}y''(x_n)$,故后退 Euler 法也是一阶的.

注意方法的局部截断误差 $T_{n+1} = y(x_{n+1}) - y_{n+1}$ 不是解 $y(x_n)$与 y_n 的整体误差,它只是用差分格式逼近微分方程(7.1.1)的公式误差,或者是计算一步产生的误差.实际计算时除 $y(x_0) = y_0$ 计算到 y_1 这一步可用局部误差表示,当 n 增大时每步都有误差,它记为 $e_n = y(x_n) - y_n$,称为整体误差.这里 $x_n = x_0 + nh$ 是固定点,$h = \frac{x_n - x_0}{n}$.当 $n \to \infty$时,如果 $e_n \to 0$,即

$$
\lim_{\substack{h\to 0\\(n\to\infty)}} y_n = y(x_n),
$$

则称数值解$\{y_n\}$收敛于精确解 $y(x_n)$.对 Euler 法和后退 Euler 法有以下结论.

定理 7.3　对于初值问题(7.1.1),若 f 对 y 满足 Lips 条件,则 Euler 法(7.2.2)和后退 Euler 法(7.2.3)的数值解$\{y_n\}$收敛于精确解 $y(x_n)$,且 $e_n = y(x_n) - y_n = O(h)$,即方法是一阶收敛的.

7.2.3　方法的绝对稳定性

用差分格式求出的数值解 $y_1, y_2, \cdots$,由于初始值 y_0 及计算过程舍入误差影响,实际上是有误差的.如果由 y_n 计算到 y_{n+1} 误

差不增长就是稳定的,否则是不稳定的,先考察下例.

例 7.2 $y'=-100y, y(0)=1$,精确解为 $y(x)=e^{-100x}$. 用 Euler 法求解得

$$y_{n+1}=y_n+hf(x_n,y_n)=(1-100h)y_n,\quad n=0,1,2,\cdots$$

若取 $h=0.025$,则 $y_{n+1}=-1.5y_n$. 当 $n\to\infty$ 时,$\lim\limits_{n\to\infty}|y_n|=\infty$,而 $\lim\limits_{x\to\infty}y(x)=\lim\limits_{x\to\infty}e^{-100x}=0$,显然计算不稳定.

如果用后退 Euler 法(7.2.3),仍取 $h=0.025$,则

$$y_{n+1}=y_n+h(-100y_{n+1})=y_n-2.5y_{n+1},$$

即

$$y_{n+1}=\frac{1}{3.5}y_n.$$

显然 $\lim\limits_{n\to\infty}y_n=0$,计算是稳定的.

实际上,若将 Euler 法(7.2.2)用于解模型方程

$$y'=\lambda y,\quad \lambda<0. \tag{7.2.6}$$

则得

$$y_{n+1}=y_n+\lambda hy_n=(1+h\lambda)y_n,$$

只要 $|1+h\lambda|<1$,即 $-2<h\lambda<0$ $\left(\text{因 }\lambda<0,\text{故 }0<h<\frac{2}{-\lambda}\right)$,计算是稳定的. 在例 7.2 中,$\lambda=-100$,$h<\frac{2}{100}=0.02$ 时,方法是稳定的. 而例中取 $h=0.025$,故不稳定.

将后退 Euler 法(7.2.3)用于解模型方程(7.2.6)得

$$y_{n+1}=y_n+h\lambda y_{n+1},$$

即

$$y_{n+1}=\frac{1}{1-h\lambda}y_n,$$

只要 $\left|\frac{1}{1-h\lambda}\right|<1$ 就是稳定的,因 $\lambda<0$,$|1-h\lambda|>1$,故对任何 $h>0$,方法都是稳定的.

定义 7.1 将差分格式用于解模型方程(7.2.6)得到的差分方程计算是稳定的，则称该差分法是绝对稳定的，此时 $h\lambda$ 所在区间称为绝对稳定区间.

对 Euler 法(7.2.2)的绝对稳定区间是 $(-2,0)$，而后退 Euler 法的绝对稳定区间为 $(-\infty,0)$，即对任何 $h>0$，方法都是绝对稳定的.

7.2.4 梯形法与改进 Euler 法

在例 7.1 中看到 Euler 法与后退 Euler 法得到的数值解 y_n 一个比精确解 $y(x_n)$ 小，一个大于 $y(x_n)$，若将(7.2.2)式与(7.2.3)式平均，则得

$$y_{n+1}=y_n+\frac{h}{2}[f(x_n,y_n)+f(x_{n+1},y_{n+1})],\quad n=0,1,2,\cdots \tag{7.2.7}$$

称为梯形法. 实际上由(7.1.3)式用梯形求积公式于右端积分，忽略余项，则可得到(7.2.7)式.

梯形法的局部截断误差为

$$\begin{aligned}T_{n+1}&=y(x_{n+1})-y(x_n)-\frac{h}{2}[f(x_n,y(x_n))\\&\quad+f(x_{n+1},y(x_{n+1}))]\\&=y(x_n+h)-y(x_n)-\frac{h}{2}[y'(x_n)+y'(x_n+h)].\end{aligned}$$

将 $y(x_n+h)$ 及 $y'(x_n+h)$ 在 x_n 处用 Taylor 展开，则得

$$\begin{aligned}T_{n+1}&=hy'(x_n)+\frac{h^2}{2}y''(x_n)+\frac{h^3}{3!}y'''(x_n)+O(h^4)\\&\quad-\frac{h}{2}\left[y'(x_n)+y'(x_n)+hy''(x_n)+\frac{h^2}{2}y'''(x_n)+O(h^3)\right]\\&=-\frac{1}{12}h^3y'''(x_n)+O(h^4).\end{aligned}$$

这与梯形求积公式的余项完全一致，局部截断误差主项为 $-\frac{1}{12}h^3y'''(x_n)$，故方法是二阶的.

梯形公式(7.2.7)也是隐式方法，计算时当 f 对 y 为非线性函数时，也必须用迭代法求得 y_{n+1}. 但它与后退 Euler 法一样具有良好的稳定性，将(7.2.7)式用于解模型方程(7.2.6)得

$$y_{n+1} = y_n + \frac{h}{2}(\lambda y_n + \lambda y_{n+1}),$$

于是

$$y_{n+1} = \frac{1+\frac{1}{2}h\lambda}{1-\frac{1}{2}h\lambda}y_n.$$

因 $\lambda<0$，故 $\left|\frac{1+\frac{1}{2}h\lambda}{1-\frac{1}{2}h\lambda}\right|<1$ 对任何 $h>0$ 都成立，于是方法是绝对稳定的，其绝对稳定区间为 $(-\infty,0)$.

由于(7.2.7)式是隐式的，求 y_{n+1} 时要用迭代法. 为避免迭代，可先用 Euler 法求出 y_{n+1} 的近似 $\bar{y}_{n+1}$. 再将(7.2.7)式改为

$$\begin{cases} \bar{y}_{n+1} = y_n + hf(x_n, y_n), \\ y_{n+1} = y_n + \frac{h}{2}[f(x_n, y_n) + f(x_{n+1}, \bar{y}_{n+1})], \quad n = 0,1,2,\cdots \end{cases} \tag{7.2.8}$$

称为改进 Euler 法，它实际上已变成显式格式，即

$$y_{n+1} = y_n + \frac{h}{2}[f(x_n, y_n) + f(x_{n+1}, y_n + hf(x_n, y_n))], \quad n = 0,1,2,\cdots \tag{7.2.9}$$

它的右端已不包含 y_{n+1}，可以证明其局部截断误差阶为 $O(h^3)$，方法的阶 $p=2$，与梯形法一样，但用改进 Euler 法(7.2.8)计算不用

迭代.

例 7.3 用梯形法及改进 Euler 法求例 7.1 中初值问题的解，步长仍取 $h=0.1$.

解 用梯形法(7.2.7)计算公式为

$$y_{n+1}=y_n+\frac{h}{2}[(-y_n+x_n+1)+(-y_{n+1}+x_{n+1}+1)],\quad n=0,1,2,3,4.$$

解得

$$y_{n+1}=\frac{1}{2.1}(1.9y_n+0.2x_n+0.21),\quad n=0,1,2,3,4.$$

计算结果见表 7.2.

对改进 Euler 法(7.2.9)，计算公式为

$$y_{n+1}=y_n+\frac{h}{2}[(-y_n+x_n+1)+(-y_n-h(-y_n+x_n+1)+x_{n+1}+1)],$$
$$n=0,1,2,3,4.$$

解得

$$y_{n+1}=0.905y_n+0.095x_n+0.1,\quad n=0,1,2,3,4.$$

计算结果见表 7.2. 表 7.2 还列出两种方法的整体误差，以与 Euler 法整体误差进行比较.

表 7.2

x_n	梯形法 y_n	误差 $\|y(x_n)-y_n\|$	改进 Euler 法 y_n	$\|y(x_n)-y_n\|$	Euler 法 $\|y(x_n)-y_n\|$
0.1	1.004762	7.5×10^{-5}	1.005000	1.6×10^{-4}	4.8×10^{-3}
0.2	1.018594	1.4×10^{-4}	1.019025	2.9×10^{-4}	8.7×10^{-3}
0.3	1.040633	1.9×10^{-4}	1.041218	4.0×10^{-4}	1.2×10^{-2}
0.4	1.070097	2.2×10^{-4}	1.070802	4.8×10^{-4}	1.4×10^{-2}
0.5	1.106278	2.5×10^{-4}	1.107076	5.5×10^{-4}	1.6×10^{-2}

从表中可看到梯形法最好，改进 Euler 法与梯形法误差数量级相当，但误差约大一倍，而 Euler 法的误差则大得多.

7.3 显式 Runge-Kutta 法

7.3.1 显式 Runge-Kutta 法的一般形式

(7.1.3)式给出了与方程(7.1.1)等价的积分形式

$$y(x_{n+1}) - y(x_n) = \int_{x_n}^{x_{n+1}} f(x, y(x))\mathrm{d}x. \qquad (7.3.1)$$

只要对右端积分用不同的求积公式近似就可得到不同的求初值问题(7.1.1)的差分方法. 如用梯形求积公式就得到梯形法，但它不是显式的. 若将它改为(7.2.9)式，即

$$y_{n+1} = y_n + \frac{h}{2}[f(x_n, y_n) + f(x_{n+1}, y_n + hf(x_n, y_n))], \qquad (7.3.2)$$

它就是显式的，是梯形公式的一种近似，求积分用了两个右端函数 f 的值，方法是二阶的. 若要得到更高阶的公式，则求积时必须用更多的 f 值，根据机械求积公式，可将(7.3.1)式右端积分表示为

$$\int_{x_n}^{x_{n+1}} f(x, y(x))\mathrm{d}x \approx h\sum_{i=1}^{r} c_i f(\xi_i, \bar{y}_i). \qquad (7.3.3)$$

类似于(7.3.2)式，可将 $f(\xi_i, \bar{y}_i)$ 写成可逐次计算的显式形式，就可得到以下形式的计算公式

$$y_{n+1} = y_n + h\sum_{i=1}^{r} c_i k_i, \quad n = 0, 1, 2, \cdots \qquad (7.3.4)$$

其中

$$k_1 = f(x_n, y_n),$$

$$k_i = f(x_n + a_i h, y_n + h\sum_{j=1}^{i-1} b_{ij} k_j), \quad i = 2, 3, \cdots, r.$$

这里 c_i, a_i, b_{ij} $(i=1,2,\cdots,r, j=1,2,\cdots,i-1)$ 均为待定参数，(7.3.4)式称为 r 级显式 Runge-Kutta 法，简称 R-K 方法. 它每步要算 r 个 f 值(即 $k_1, k_2, \cdots, k_r$)，而计算 k_i 时前面 $i-1$ 个 $k_1, k_2, \cdots, k_{i-1}$ 均已算出，故公式是显式的. 例如 $r=2$，公式就是

$$y_{n+1} = y_n + h(c_1 k_1 + c_2 k_2), \quad n = 0,1,2,\cdots \tag{7.3.5}$$

其中

$$k_1 = f(x_n, y_n), \quad k_2 = f(x_n + a_2 h, y_n + h b_{21} k_1).$$

由此看到改进 Euler 法(7.2.8)就是一个二级的显式 R-K 方法.

7.3.2　二级显式 Runge-Kutta 方法

$r=2$ 时的显式 R-K 方法(7.3.5)，要求选择参数 c_1, c_2, a_2, b_{21} 使公式的阶 p 尽量高，由局部截断误差的定义

$$\begin{aligned} T_{n+1} = {} & y(x_{n+1}) - y(x_n) - h[c_1 f(x_n, y(x_n)) \\ & + c_2 f(x_n + a_2 h, y_n + b_{21} h k_1)]. \end{aligned} \tag{7.3.6}$$

令 $y_n = y(x_n)$，对(7.3.6)式中 $y(x_n+h)$ 及 $f(x_n + a_2 h, y_n + b_{21} h k_1)$ 在点 (x_n, y_n) 处做 Taylor 展开，得

$$y(x_{n+1}) = y(x_n + h) = y_n + h y'_n + \frac{h^2}{2} y''_n + \frac{h^3}{3!} y'''_n + O(h^4),$$

其中

$$y'_n = f(x_n, y_n) = f_n,$$

$$y''_n = \frac{\mathrm{d}}{\mathrm{d}x} f(x, y)\Big|_{x_n} = f'_x(x_n, y_n) + f'_y(x_n, y_n) \cdot f,$$

$$\begin{aligned} f(x_n + a_2 h, y_n + b_{21} h k_1) = {} & f(x_n, y_n) + f'_x(x_n, y_n) a_2 h \\ & + f'_y(x_n, y_n)(b_{21} h k_1) + O(h^2). \end{aligned}$$

将上述结果代入(7.3.6)式，得

$$\begin{aligned} T_{n+1} = {} & h f_n + \frac{h^2}{2}[f'_x(x_n, y_n) + f'_y(x_n, y_n) f_n] + O(h^3) - h\{c_1 f_n \\ & + c_2[f_n + a_2 f'_x(x_n, y_n) h + b_{21} f'_y(x_n, y_n) h f_n + O(h^2)]\} \end{aligned}$$

$$=(1-c_1-c_2)hf_n+\left(\frac{1}{2}-c_2a_2\right)h^2f'_x(x_n,y_n)$$
$$+\left(\frac{1}{2}-c_2b_{21}\right)h^2f'_y(x_n,y_n)f_n+O(h^3).$$

要使(7.3.5)式具有阶 $p=2$,即 $T_{n+1}=O(h^3)$,必须使

$$1-c_1-c_2=0,\quad \frac{1}{2}-c_2a_2=0,\quad \frac{1}{2}-c_2b_{21}=0.$$

在这 3 个方程中,有 4 个未知数,故有无穷多解. 由于 $r=2$,故$c_2\neq 0$,于是可得

$$c_1=1-c_2,\quad a_2=b_{21}=\frac{1}{2c_2}. \tag{7.3.7}$$

它表明具有阶为二的显式 R-K 方法(7.3.5)有很多不同的公式,只要选 $c_2\neq 0$ 即可得到. 若取 $c_2=\frac{1}{2}$,则 $c_1=\frac{1}{2}$,$a_2=b_{21}=1$,它就是改进的 Euler 法(7.2.9);若取 $c_2=1$,则 $c_1=0$,$a_2=b_{21}=\frac{1}{2}$,则由(7.3.5)式得

$$\begin{aligned} y_{n+1}&=y_n+hf\left(x_n+\frac{1}{2}h,y_n+\frac{1}{2}hk_1\right),\\ k_1&=f(x_n,y_n),\quad n=0,1,2,\cdots \end{aligned} \tag{7.3.8}$$

称为中点公式,它相当于积分中点公式的变形. (7.2.9)式和(7.3.8)式是两个常用的二阶 R-K 方法. 注意二级 R-K 方法只能达到二阶,而不能达到三阶. 因为 $r=2$,只有 4 个参数待定. 若要使 $p=3$,则在(7.3.6)式的 Taylor 展开中要使含 h^3 的系数为零,需增加 3 项,即增加 3 个方程,加上原有 3 个方程共有 6 个方程,它是无解的.

对 $r=2$ 的二阶 R-K 方法,同样是收敛的,且它的绝对稳定区间 $h\lambda\in(-2,0)$,即 $0<h<\frac{2}{-\lambda}$时方法绝对稳定.

7.3.3　三、四阶的 Runge-Kutta 方法

要使求解方程(7.1.1)的 R-K 方法具有更高的阶，就必须在(7.3.4)式中增加 r 的级. 如取 $r=3$，则可得到三阶的显式 R-K 方法. 一个常见的三级三阶 R-K 方法为

$$y_{n+1}=y_n+\frac{h}{6}(k_1+4k_2+k_3),\quad n=0,1,2,\cdots \tag{7.3.9}$$

其中

$$\begin{aligned}k_1&=f(x_n,y_n),\\ k_2&=f\left(x_n+\frac{1}{2}h,y_n+\frac{h}{2}k_1\right),\\ k_3&=f(x_n+h,y_n-hk_1+2hk_2).\end{aligned}$$

称为 Kutta 三阶方法. 它的局部截断误差为 $T_{n+1}=O(h^4)$. 它的绝对稳定区间为 $h\lambda\in(-2.51,0)$.

常用的经典四阶 Runge-Kutta 方法是

$$y_{n+1}=y_n+\frac{h}{6}(k_1+2k_2+2k_3+k_4),\quad n=0,1,2\cdots \tag{7.3.10}$$

其中

$$\begin{aligned}k_1&=f(x_n,y_n),\\ k_2&=f\left(x_n+\frac{1}{2}h,y_n+\frac{1}{2}hk_1\right),\\ k_3&=f\left(x_n+\frac{1}{2}h,y_n+\frac{1}{2}hk_2\right),\\ k_4&=f(x_n+h,y_n+hk_3).\end{aligned}$$

它的局部截断误差为 $T_{n+1}=O(h^5)$，故阶 $p=4$. 它相当于用 Simpson 求积公式计算(7.3.1)式右端积分得到的结果. 用四阶 R-K 方法(7.3.10)计算，其绝对稳定区间为 $h\lambda\in(-2.78,0)$. 这

个方法的优点是精度较高，且便于变步长；缺点是计算量较大，每步要计算 4 个 f 值. 一般数学库都有用此方法编制的软件. 它能根据给定精度要求自动确定步长的大小，是求解初值问题最常用的软件之一.

例 7.4 用经典四阶 R-K 方法解例 7.1 的初值问题 $y'=-y+x+1, y(0)=1$. 仍取 $h=0.1$，计算到 $x_5=0.5$，并与改进 Euler 法及梯形法在 $x_5=0.5$ 处比较其误差大小.

解 用四阶 R-K 方法(7.3.10)，其中 $f(x,y)=-y+x+1$，$x_0=0, y_0=1, h=0.1$. 从 $n=0,1,\cdots,4$ 计算，则有公式

$$
\begin{aligned}
k_1 &= f(x_n, y_n) = -y_n + x_n + 1, \\
k_2 &= -\left(y_n + \frac{1}{2}hk_1\right) + \left(x_n + \frac{1}{2}h\right) + 1 \\
&= \left(-1 + \frac{h}{2}\right)y_n + \left(1 - \frac{h}{2}\right)x_n + 1, \\
k_3 &= -\left(y_n + \frac{1}{2}hk_2\right) + \left(x_n + \frac{1}{2}h\right) + 1 \\
&= \left(-1 + \frac{h}{2} - \frac{h^2}{4}\right)y_n + \left(1 - \frac{h}{2} + \frac{h^2}{4}\right)x_n + 1, \\
k_4 &= -(y_n + hk_3) + (x_n + h) + 1 \\
&= \left(-1 + h - \frac{h^2}{2} + \frac{h^3}{4}\right)y_n + \left(1 - h + \frac{h^2}{2} - \frac{h^3}{4}\right)x_n + 1, \\
y_{n+1} &= y_n + \frac{h}{6}(k_1 + 2k_2 + 2k_3 + k_4).
\end{aligned}
$$

由以上公式可逐点算得

$$
\begin{aligned}
&y_1 = 1.00483750, \quad y_2 = 1.01873090, \\
&y_3 = 1.04081842, \quad y_4 = 1.07032029, \\
&y_5 = 1.10653094.
\end{aligned}
$$

误差 $|y(x_5)-y_5|=2.8\times10^{-7}$. 而在例 7.3 中算得的改进 Euler

法及梯形法误差分别为 $|y(x_5)-y_5|=5.5\times10^{-4}$ 及 $|y(x_5)-y_5|=2.5\times10^{-4}$. 可见四阶 R-K 方法的精度比二阶方法高得多.

7.4　线性多步法简介

7.4.1　线性多步法的一般公式

前面给出的求初值问题(7.1.1)的差分方法都能从 y_n 用一步就算出 y_{n+1}，它们称为单步法，它由初值 y_0 计算出 y_1，再逐次求 $y_2,\cdots,y_n$. 如果计算 y_{n+1} 时除了用到 y_n 外，还用到 $y_{n-1},\cdots,y_{n-k+1}$ 的值就称为多步法，若记 $x_k=x_0+kh$，$h>0$ 为步长，$y_k\approx y(x_k)$，$f_k=f(x_k,y_k)(k=0,1,2,\cdots,n)$，则线性多步法的一般公式可表示为

$$y_{n+1}=\sum_{i=0}^{k-1}\alpha_i y_{n-i}+h\sum_{i=-1}^{k-1}\beta_i f_{n-i},\quad n=k-1,k,\cdots \tag{7.4.1}$$

其中 α_i，β_i 为常数，若 $\alpha_{k-1}^2+\beta_{k-1}^2\neq0$，称(7.4.1)式为线性 k 步法，计算时用到前面 k 个值 $y_n,y_{n-1},\cdots,y_{n-k+1}$，当 $\beta_{-1}=0$ 时(7.4.1)式为显式方法，当 $\beta_{-1}\neq0$ 时则(7.4.1)式为隐式方法. 隐式方法与梯形法一样，计算时要用迭代法求 y_{n+1} 的值，对线性多步法(7.4.1)可类似单步法给出以下定义.

定义 7.2　设 $y(x)$ 是初值问题(7.1.1)的精确解，线性多步法(7.4.1)在 x_{n+1} 处的局部截断误差定义为

$$T_{n+1}=y(x_{n+1})-\sum_{i=0}^{k-1}\alpha_i y(x_{n-i})-h\sum_{i=-1}^{k-1}\beta_i y'(x_{n-i}). \tag{7.4.2}$$

若 $T_{n+1}=O(h^{p+1})$，则称线性多步法是 p 阶的.

为确定公式中的参数 α_i 及 β_i，通常可将 T_{n+1} 在 x_n 处做 Taylor 展开，使含 $h^0,h^1,\cdots,h^p$ 各项系数为 0，则可得到 $T_{n+1}=$

$O(h^{p+1})$. 此时公式则为 p 阶. 显然 p 的大小与公式中待定参数 α_i 及 β_i 的个数有关,p 越大公式中待定参数越多,公式越复杂. Taylor 展开时就要多几项. 具体公式下面再介绍,多步法由于每步只算一个新的右端函数值 f,因此工作量较小,但它需要先求出前面 k 个值 $y_0,y_1,\cdots,y_{k-1}$,且变步长不如单步法简便.

7.4.2 Adams 方法

在多步法中有一类公式比较常用,它可表示为

$$y_{n+1}=y_n+h\sum_{i=-1}^{k-1}\beta_i f_{n-i},\quad n=k-1,k,\cdots \tag{7.4.3}$$

若 $\beta_{k-1}\neq 0$,称为 k 步 Adams 方法,当 $\beta_{-1}=0$ 时为显式 Adams 方法,$\beta_{-1}\neq 0$ 称为隐式 Adams 方法.

公式的局部截断误差为

$$T_{n+1}=y(x_{n+1})-y(x_n)-h\sum_{i=-1}^{k-1}\beta_i y'(x_{n-i}).$$

对 $k=2$ 的显式 Adams 方法可表示为

$$y_{n+1}=y_n+h(\beta_0 f_n+\beta_1 f_{n-1}).$$

为了确定参数 β_0,β_1,可由局部截断误差作 Taylor 展开,即

$$\begin{aligned}
T_{n+1}&=y(x_n+h)-y(x_n)-h[\beta_0 y'(x_n)+\beta_1 y'(x_n-h)]\\
&=hy'(x_n)+\frac{h^2}{2}y''(x_n)+\frac{h^3}{3!}y'''(x_n)+O(h^4)\\
&\quad -h\left[\beta_0 y'(x_n)+\beta_1\left(y'(x_n)-hy''(x_n)+\frac{h^2}{2}y'''(x_n)+O(h^3)\right)\right]\\
&=(1-\beta_0-\beta_1)hy'(x_n)+\left(\frac{1}{2}+\beta_1\right)h^2y''(x_n)\\
&\quad +\left(\frac{1}{6}-\frac{1}{2}\beta_1\right)h^3y'''(x_n)+O(h^4).
\end{aligned}$$

令 $1-\beta_0-\beta_1=0$ 及 $\frac{1}{2}+\beta_1=0$ 解出

$$\beta_1 = -\frac{1}{2}, \beta_0 = \frac{3}{2},$$

于是得显式 Adams 方法为

$$y_{n+1} = y_n + \frac{h}{2}(3f_n - f_{n-1}), \quad n = 1,2,\cdots \tag{7.4.4}$$

局部截断误差

$$T_{n+1} = \frac{5}{12}h^3 y'''(x_n) + O(h^4), \tag{7.4.5}$$

故知二步显式 Adams 方法是二阶的. 如要得到四阶的显式 Adams 方法,则必须再用两项,表示为

$$y_{n+1} = y_n + h(\beta_0 f_n + \beta_1 f_{n-1} + \beta_2 f_{n-2} + \beta_3 f_{n-3}).$$

再由局部截断误差

$$\begin{aligned} T_{n+1} &= y(x_{n+1}) - y(x_n) - h(\beta_0 y'(x_n) \\ &\quad + \beta_1 y'(x_{n-1}) + \beta_2 y'(x_{n-2}) + \beta_3 y'(x_{n-3})), \end{aligned}$$

利用在 x_n 处的 Taylor 展开,用前面类似方法,则可得到四阶显式 Adams 方法为

$$y_{n+1} = y_n + \frac{h}{24}(55f_n - 59f_{n-1} + 37f_{n-2} - 9f_{n-3}), \quad n = 3,4,\cdots \tag{7.4.6}$$

其局部截断误差为

$$T_{n+1} = \frac{251}{720}h^5 y^{(5)}(x_n) + O(h^6). \tag{7.4.7}$$

对二阶的隐式 Adams 方法可表示为

$$y_{n+1} = y_n + h(\beta_{-1} f_{n+1} + \beta_0 f_n).$$

由

$$\begin{aligned} T_{n+1} &= y(x_n + h) - y(x_n) - h[\beta_{-1} y'(x_n + h) + \beta_0 y'(x_n)] \\ &= hy'(x_n) + \frac{h^2}{2}y''(x_n) + \frac{h^3}{6}y'''(x_n) + O(h^4) \\ &\quad - h\Big[\beta_{-1}(y'(x_n) + hy''(x_n) + \frac{h^2}{2}y'''(x_n) \end{aligned}$$

$$+O(h^3))+\beta_0 y'(x_n)\Big]$$

$$=(1-\beta_{-1}-\beta_0)hy'(x_n)+\left(\frac{1}{2}-\beta_1\right)h^2y''(x_n)$$

$$+\left(\frac{1}{6}-\frac{\beta_{-1}}{2}\right)h^3y'''(x_n)+O(h^4),$$

令 $1-\beta_{-1}-\beta_0=0, \frac{1}{2}-\beta_1=0$,解得

$$\beta_{-1}=\beta_0=\frac{1}{2}.$$

于是得二阶隐式 Adams 公式及其局部截断误差为

$$y_{n+1}=y_n+\frac{h}{2}(f_{n+1}+f_n), \quad n=0,1,2,\cdots \tag{7.4.8}$$

$$T_{n+1}=-\frac{h^3}{12}y'''(x_n)+O(h^4). \tag{7.4.9}$$

(7.4.8)式就是前面得到的梯形法,它是一步方法.用同样办法可求得四阶隐式 Adams 方法为

$$y_{n+1}=y_n+\frac{h}{24}(9f_{n+1}+19f_n-5f_{n-1}+f_{n-2}), \quad n=2,3,\cdots \tag{7.4.10}$$

其局部截断误差为

$$T_{n+1}=-\frac{19}{720}h^5y^{(5)}(x_n)+O(h^6). \tag{7.4.11}$$

四阶 Adams 方法是解初值问题一类常用算法.

例 7.5 用四阶显式 Adams 和四阶隐式 Adams 方法解初值问题

$$y'=-y+x+1, \quad y(0)=1.$$

步长 $h=0.1$, 计算到 $x_{10}=1.0$.

解 本题直接用(7.4.6)式及(7.4.10)式计算,对显式方法,将 $f(x,y)=-y+x+1$ 直接代入(7.4.6)式得到

$$y_{n+1} = y_n + \frac{0.1}{24}(55f_n - 59f_{n-1} + 37f_{n-2} - 9f_{n-3}),$$

$$n = 3,4,\cdots,9,$$

其中 $f_i=-y_i+x_i+1, x_i=ih, h=0.1$. 初值 $y_0=1, y_1, y_2, y_3$ 的值通常可用四阶 R-K 公式计算，本题为了观察比较误差大小，故直接用精确解 $y(x)=e^{-x}+x$ 计算 y_1, y_2, y_3.

对四阶隐式 Adams，由(7.4.10)式可得

$$y_{n+1} = y_n + \frac{0.1}{24}[9(-y_{n+1} + x_{n+1} + 1) + 19f_n - 5f_{n-1} + f_{n-2}], \quad n = 2,3,\cdots,9$$

直接求出 y_{n+1} 而不必用迭代，得到

$$y_{n+1} = \frac{8}{8.3}y_n + \frac{1}{249}(9x_{n+1} + 9 + 19f_n - 5f_{n-1} + f_{n-2}), \quad n = 2,3,\cdots,9.$$

其中 $y_0=1$，而 y_1, y_2 仍由精确解求得.

以上两公式的计算结果由表 7.3 给出.

表　7.3

x_n	精确解 $y(x_n)$ $=e^{-x_n}+x_n$	Adams 显式方法		Adams 隐式方法	
		y_n	$\lvert y(x_n)-y_n\rvert$	y_n	$\lvert y(x_n)-y_n\rvert$
0.3	1.04081822			1.04081801	2.1×10^{-7}
0.4	1.07032005	1.07032292	2.87×10^{-6}	1.07031966	3.9×10^{-7}
0.5	1.10653066	1.10653548	4.82×10^{-6}	1.10653014	5.2×10^{-7}
0.6	1.14881164	1.14881841	6.77×10^{-6}	1.14881101	6.3×10^{-7}
0.7	1.19658530	1.19659340	8.10×10^{-6}	1.19658459	7.1×10^{-7}
0.8	1.24932896	1.24933816	9.20×10^{-6}	1.24932819	7.7×10^{-7}
0.9	1.30656966	1.30657962	9.96×10^{-6}	1.30656884	8.2×10^{-7}
1.0	1.36787944	1.36788996	1.05×10^{-5}	1.36787859	8.5×10^{-7}

从表中看到同为四阶方法隐式方法比显式方法精度高约 10

倍，从它们局部截断误差主项的系数也可看到相同的结论.

7.4.3 Adams 预测-校正方法

从上面讨论可知四阶隐式 Adams 方法精度较高，但一般要用迭代法求解并不方便，为此在计算机上通常采用一种预测-校正方法. 如前面给出的改进 Euler 法，即用一个显式方法求出 y_{n+1} 的近似，再用它代入右端函数作校正，而不用迭代. 通常所用的隐式公式与显式公式应是同阶的. 用四阶 Adams 方法的预测-校正算法为

$$
\begin{aligned}
&\text{预测：} y_{n+1}^{\mathrm{p}} = y_n + \frac{h}{24}(55f_n - 59f_{n-1} + 37f_{n-2} - 9f_{n-3}),\\
&\text{求值：} f_{n+1}^{\mathrm{p}} = f(x_{n+1}, y_{n+1}^{\mathrm{p}}),\\
&\text{校正：} y_{n+1} = y_n + \frac{h}{24}(9f_{n+1}^{\mathrm{p}} + 19f_n - 5f_{n-1} + f_{n-2}),\\
&\text{求值：} f_{n+1} = f(x_{n+1}, y_{n+1}).
\end{aligned}
\tag{7.4.12}
$$

这个公式同样具有四阶精度，实际上还可利用四阶显式方法及隐式方法的局部截断误差主项提高预测校正公式的阶，记显式方法为

$$y(x_{n+1}) - y_{n+1}^{\mathrm{p}} \approx \frac{251}{720}h^5 y^{(5)}(x_n),$$

而相应隐式方法记为

$$y(x_{n+1}) - y_{n+1}^{\mathrm{c}} \approx -\frac{19}{720}h^5 y^{(5)}(x_n),$$

两式相减得

$$h^5 y^{(5)}(x_n) \approx -\frac{720}{270}(y_{n+1}^{\mathrm{p}} - y_{n+1}^{\mathrm{c}}),$$

于是可得

$$y(x_{n+1}) - y_{n+1}^{\mathrm{p}} \approx -\frac{251}{270}(y_{n+1}^{\mathrm{p}} - y_{n+1}^{\mathrm{c}}),$$

$$y(x_{n+1})-y_{n+1}^{c}\approx\frac{19}{270}(y_{n+1}^{p}-y_{n+1}^{c}).$$

若令

$$y_{n+1}^{pm}=y_{n+1}^{p}-\frac{251}{270}(y_{n}^{p}-y_{n}^{c}),$$

$$y_{n+1}=y_{n+1}^{c}+\frac{19}{270}(y_{n+1}^{p}-y_{n+1}^{c}).$$

于是可以得到修正的预测校正格式(PMECME)为

预测 P：$y_{n+1}^{p}=y_{n}+\frac{h}{24}(55f_{n}-59f_{n-1}+37f_{n-2}-9f_{n-3})$，

修正 M：$y_{n+1}^{pm}=y_{n+1}^{p}-\frac{251}{270}(y_{n}^{p}-y_{n}^{c})$，

求值 E：$f_{n+1}^{pm}=f(x_{n+1},y_{n+1}^{pm})$，

校正 C：$y_{n+1}^{c}=y_{n}+\frac{h}{24}(9f_{n+1}^{pm}+19f_{n}-ff_{n-1}+f_{n-2})$，

修正 M：$y_{n+1}=y_{n+1}^{c}+\frac{19}{270}(y_{n+1}^{p}-y_{n+1}^{c})$，

求值 E：$f_{n+1}=f(x_{n+1},y_{n+1})$.

经过修改的 PMECME 格式比原有的格式(7.4.12)精度提高一阶. 是目前解初值问题数学软件中的一个有效方法.

多步法还有其他的计算格式，本书不再讨论.

7.5　一阶方程组与高阶方程

实际应用时初值问题多是以方程组的形式出现，数学软件中也是以方程组的形式表示，方程组初值问题为

$$\begin{cases}\dfrac{dy_i}{dx}=f_i(x,y_1,y_2,\cdots,y_m), & x\in[a,b],\\ y_i(x_0)=y_{i0}, & i=1,2,\cdots,m.\end{cases}\tag{7.5.1}$$

若用向量表示,可记 $\boldsymbol{y}=(y_1,y_2,\cdots,y_m)^{\mathrm{T}}$,$\boldsymbol{f}=(f_1,f_2,\cdots,f_m)^{\mathrm{T}}$,初始条件 $\boldsymbol{y}(x_0)=\boldsymbol{y}_0=(y_{10},y_{20},\cdots,y_{m0})^{\mathrm{T}}$,于是方程组 (7.5.1)可写成

$$\begin{cases}\dfrac{\mathrm{d}\boldsymbol{y}}{\mathrm{d}x}=\boldsymbol{f}(x,\boldsymbol{y}),x\in[a,b],\boldsymbol{y}\in\mathbb{R}^m,\boldsymbol{f}\in\mathbb{R}^m,\\ \boldsymbol{y}(x_0)=\boldsymbol{y}_0.\end{cases}\tag{7.5.2}$$

它形如初值问题(7.1.1),只是把它看成向量方程即可,因此前面针对方程(7.1.1)给出的所有单个方程的数值方法均适用于方程组(7.5.1).

下面以两个方程为例给出四阶 R-K 方法的计算公式,此时方程组为

$$\begin{cases}y'=f(x,y,z),y(x_0)=y_0,\\ z'=g(x,y,z),z(x_0)=z_0.\end{cases}\tag{7.5.3}$$

则求此初值问题的四阶 R-K 格式为

$$\begin{cases}y_{n+1}=y_n+\dfrac{h}{6}(k_1+2k_2+2k_3+k_4),\\ z_{n+1}=z_n+\dfrac{h}{6}(l_1+2l_2+2l_3+l_4),\end{cases}\tag{7.5.4}$$

其中

$$k_1=f(x_n,y_n,z_n),$$

$$l_1=g(x_n,y_n,z_n),$$

$$k_2=f\left(x_n+\frac{h}{2},y_n+\frac{h}{2}k_1,z_n+\frac{h}{2}l_1\right),$$

$$l_2=g\left(x_n+\frac{h}{2},y_n+\frac{h}{2}k_1,z_n+\frac{h}{2}l_1\right),$$

$$k_3=f\left(x_n+\frac{h}{2},y_n+\frac{h}{2}k_2,z_n+\frac{h}{2}l_2\right),$$

$$l_3=g\left(x_n+\frac{h}{2},y_n+\frac{h}{2}k_2,z_n+\frac{h}{2}l_2\right),$$

$$k_4 = f(x_n + h, y_n + hk_3, z_n + hl_3),$$
$$l_4 = g(x_n + h, y_n + hk_3, z_n + hl_3).$$

对高阶微分方程初值问题,原则上可归结为一阶方程组,例如 m 阶微分方程

$$y^{(m)} = f(x, y, y', \cdots, y^{(m-1)}) \tag{7.5.5}$$

满足初始条件

$$y(x_0) = y_0,\quad y'(x_0) = y'_0, \cdots, y^{(m-1)}(x_0) = y_0^{(m-1)}. \tag{7.5.6}$$

若令

$$y_1 = y,\quad y_2 = y', \cdots, y_m = y^{(m-1)},$$

则可将高阶微分方程(7.5.5)变换为一阶方程组

$$\begin{cases} y'_1 = y_2, \\ y'_2 = y_3, \\ \vdots \\ y'_{m-1} = y_m, \\ y'_m = f(x, y_1, \cdots, y_m). \end{cases} \tag{7.5.7}$$

初始条件(7.5.6)则变为

$$y_1(x_0) = y_0,\quad y_2(x_0) = y'_0, \cdots, y_m(x_0) = y_0^{(m-1)}. \tag{7.5.8}$$

评　注

常微分方程初值问题数值解就是用适当的差分格式将连续问题解 $y(x)$ 转化为在离散点 x_i $(i=0,1,2,\cdots)$ 上的数值解 $y_i \approx y(x_i)$ $(i=0,1,2,\cdots)$,构造差分格式途径之一是基于 Taylor 展开,另一途径是基于等价积分方程的数值积分方法,但后者只适用于部分有等价积分方程的情形. 本章重点是以 Euler 法及其相关

的简单方法.除讨论差分格式的建立,还对局部截断误差、收敛性、绝对稳定性及绝对稳定区间进行讨论,目的是通过简单方法为对象以对数值方法及其理论有较深入了解,但这些方法由于阶数较低,通常较少使用,而实际常用的是经典的显式四阶 R-K 法及四阶的多步法,四阶 R-K 法优点是精度较高,稳定性较好,且便于变步长.缺点是计算量较大,每步要算 4 个右端函数值.而多步法每步只需计算一个右端函数值,但它要用单步法计算初始值,不便于改变步长.对这些方法本章只作简单介绍,进一步了解可参看文献[2,5].实际应用中经常遇到所谓刚性(stiff)方程组,即病态方程,它的解法及理论本章也未涉及,详细了解可参看文献[16,17].

显式四阶 R-K 法及四阶多步法与预测-校正格式都有现成的数学软件可供使用,如 MATLAB 中提供的函数 ode45,ode23 是针对 R-K 法的,ode113 是针对 Adams 方法的,此外还有针对刚性问题的函数 ode15s,ode23s,ode23t 和 ode23 tb.

复习与思考题

1. 怎样导出 Euler 法、后退 Euler 法、梯形法和改进 Euler 法的计算格式?

2. 何谓方法的局部截断误差?何谓方法的阶?

3. 什么是隐式方法?它与显式方法有何不同?如何求解隐式方程?

4. 何谓方法的绝对稳定性和绝对稳定区间?给出 Euler 法和后退 Euler 法的绝对稳定区间.

5. s 级的 R-K 法形式如何?改进 Euler 法是几级几阶的 R-K 法?

6. 怎样导出线性多步法的计算公式?它有何优缺点?

7. 判断下列命题是否正确?

(1) 常微分方程初值问题的解,右端函数可导时一定是存在惟一的;

(2) 一个算法的局部截断误差的阶就等于整体误差的阶(即方法的阶);

(3) 一般说算法的阶越高得到的计算结果越精确;

(4) 一个好的算法或是稳定性好或是收敛阶高；

(5) 显式方法的优点是计算简单且稳定性好；

(6) 隐式方法的优点是稳定性好且收敛阶高；

(7) 多步法优点是计算量少且计算简单，可以自启动；

(8) 单步法比多步法更容易启动且易于改变步长.

习题与实验题

1. 对下列方程，找出确保解存在的惟一矩形区域：

(1) $y'=e^{-x}-y$，　$y(0)=y_0$. 解为 $y(x)=(x+y_0)e^{-x}$；

(2) $y'=y-100e^{-100x}$，$y(0)=y_0$. 解 $y(x)=ce^{x}+\frac{100}{101}e^{-100x}$，

c 为依赖 y_0 的常数.

2. 用 Euler 法解初值问题

$$y' = x^2 + 100y^2,\quad y(0) = 0.$$

步长 $h=0.1$ 计算到 $x=0.3$(保留到小数点后 4 位).

3. 用改进 Euler 法和梯形法解初值问题

$$y' = x^2 + x - y,\quad y(0) = 0.$$

步长 $h=0.1$ 计算到 $x=0.5$，并与准确解 $y=-e^{-x}+x^2+x-1$ 相比较.

4. 用改进 Euler 法计算积分

$$y = \int_0^x e^{-t^2}\,dt$$

在 $x=0.5,1.0$ 时的近似值(保留到小数点后 6 位).

5. 证明下列 Heun 格式

$$\begin{cases} y_{n+1} = y_n + \dfrac{h}{4}(k_1 + 3k_2), \\ k_1 = f(x_n, y_n), k_2 = f\left(x_n + \dfrac{2}{3}h, y_n + \dfrac{2}{3}hk_1\right) \end{cases}$$

是二阶的.

6. 用四阶 R-K 法求解初值问题

$$y' = \frac{3y}{1+x},\quad 0 \leqslant x \leqslant 1,\quad y(0) = 1.$$

步长取为 $h=0.2$.

7. 对于初值问题

$$y'=-100(y-x^2)+2x, \quad y(0)=1.$$

(1) 用 Euler 法求解，步长 h 应在什么范围内计算才稳定？

(2) 用梯形法计算，步长 h 在什么范围取值？

(3) 用四阶 R-K 法计算，步长 h 如何选？

8. 设计形如

$$y_{n+1}=y_n+h(af_n+bf_{n-1})$$

的差分格式，确定参数 a,b 使其具有尽量高的阶.

9. 设计格式

$$y_{n+1}=\alpha(y_n+y_{n-1})+h(\beta_0 f_n+\beta_1 f_{n-1}),$$

确定参数 α,β_0,β_1 使其具有尽量高的阶，并求出局部截断误差主项.

10. 证明线性二步法

$$y_{n+1}+(b-1)y_n-by_{n-1}=\frac{1}{4}h[(b+3)f_{n+1}+(3b+1)f_{n-1}],$$

$$n=1,2,\cdots$$

当 $b\neq-1$ 时方法为二阶，$b=-1$ 时方法为三阶.

11. 实验题：给定初值问题

(1) $\begin{cases} y'=\dfrac{1}{x^2}-\dfrac{y}{x}, 1\leqslant x\leqslant 2, \\ y(1)=1; \end{cases}$

(2) $\begin{cases} y'=-50y+50x^2+2x, \quad 0\leqslant x\leqslant 1, \\ y(0)=\dfrac{1}{3}. \end{cases}$

实验要求：

① 用改进 Euler 法($h=0.05$)及经典四阶 R-K 法($h=0.1$)求(1)的数值解，并打印 $x=1+0.1i$ $(i=0,1,\cdots,10)$的值.

② 用经典四阶 R-K 法解(2)，步长分别取 $h=0.1,0.025,0.01$. 计算并打印 $x=0.1i$ $(i=0,1,\cdots,10)$ 各点的数值解及准确解，并分析结果$\left((2)\text{的准确解 } y(x)=\dfrac{1}{3}e^{-50x}+x^2\right)$.

部分习题答案

第 1 章

1. $[(3x^2-2)x^2+1]x+7$　　2. 2 位有效数字

3. (1) 0.648721　(2) 0.652096　(3) 0.648735

4. x_1^*　5 位有效数字，　$\delta(x_1^*)\leqslant\frac{1}{2}\times10^{-4}$　$\delta_r(x_1^*)\leqslant\frac{1}{2}\times10^{-4}$

x_2^*　2 位有效数字，　$\delta(x_2^*)\leqslant\frac{1}{2}\times10^{-3}$　$\delta_r(x_2^*)\leqslant\frac{1}{6}\times10^{-1}$

x_3^*　5 位有效数字，　$\delta(x_3^*)\leqslant\frac{1}{2}\times10^{-2}$　$\delta_r(x_3^*)\leqslant10^{-5}$

5. $|y_{10}-y_{10}^*|\leqslant10^{10}|y_0-y_0^*|\leqslant\frac{1}{2}\times10^8$,不稳定

6. $\frac{1}{2}\times10^{-3}$

第 2 章

1. 1.594

2. (1)、(2)收敛　(3) 不收敛. $x_{12}=1.46557$

3. $x^*\approx3.347$

5. (2) $x_2=1.46557$　(3) $x_3=1.46557$

6. (1) $x_3=1.8794$　(2) $x_3=0.25753$

第 3 章

1. $x_1=1$　$x_2=2$　$x_3=3$　$\det\mathbf{A}=-66$

2. $x_1=-227.08$　$x_2=476.92$　$x_3=-177.69$

3. $\boldsymbol{L}$ 的次对角元素为 $1,1,\frac{1}{2},\frac{2}{7}$,$\boldsymbol{D}$ 的对角元素为 $1,1,2,\frac{7}{2},\frac{33}{7}$

4. (2) $\frac{n(n+1)}{2}$

5. $\boldsymbol{x}=\left(\frac{5}{6},\frac{2}{3},\frac{1}{2},\frac{1}{3},\frac{1}{6}\right)^{\mathrm{T}}$

6. $\boldsymbol{x}=\left(-\frac{9}{4},4,2\right)^{\mathrm{T}}$

7. $\|\boldsymbol{A}\|_1=0.8$, $\|\boldsymbol{A}\|_2=0.82785$, $\|\boldsymbol{A}\|_\infty=1.1$, $\|\boldsymbol{A}\|_F=0.84$

10. $\mathrm{cond}(\boldsymbol{A})_2=3+2\sqrt{2}$　　11. $\mathrm{cond}(\boldsymbol{A})_\infty=39601$

第 4 章

1. (1) Jacobi 迭代法与 GS 迭代法均收敛

(2) Jacobi 迭代法计算 18 次解

$$\boldsymbol{x}^{(18)}=(-3.999996,\ 2.999974,\ 1.999992)^{\mathrm{T}}$$

GS 迭代法有

$$\boldsymbol{x}^{(8)}=(-4.000036,\ 2.999985,\ 2.000003)^{\mathrm{T}}$$

3. (1) Jacobi 迭代法收敛. GS 迭代法不收敛. (2) Jacobi 迭代法不收敛, GS 迭代法收敛

4. Jacobi 迭代法与 GS 迭代法收敛的充分必要条件 $|ab|<\frac{100}{3}$

6. $-\frac{1}{2}<\alpha<0$ 收敛

7. $\rho(\boldsymbol{B}_J)=\sqrt{\frac{11}{12}}$, $\rho(\boldsymbol{G})=\frac{11}{12}$. GS 迭代法比 Jacobi 迭代法收敛快

8. $w=1$ 迭代 6 次, $w=1.03$ 迭代 5 次

第 5 章

1. -0.620219, 误差 $|R_1(x)|\leqslant 0.0048$; 二次 -0.616839, 0.01024

2. $h\leqslant 0.0066$

4. $f[2^0,2^1,\cdots,2^7]=1, f[2^0,2^1,\cdots,2^8]=0$

5. $f[x_0,x_1,\cdots,x_p]=0$

7. $\cos 0.048=0.99885$. $|R_4(0.048)|\leqslant 1.5845\times10^{-7}$

8. $p(x)=\frac{1}{4}x^2(x-3)^2$

9. $p(x)=f(x_0)+f'(x_0)(x-x_0)+\frac{1}{2}f''(x_0)(x-x_0)^2+$

$$\left[\frac{f[x_0,x_1]-f'(x_0)}{x_1-x_0}-\frac{1}{2}f''(x_0)\right]\frac{(x-x_0)^3}{x_1-x_0}$$

$$R(x)=\frac{1}{4!}f^{(4)}(\xi)(x-x_0)^3(x-x_1)$$

10. $p(x)=x^3-x^2+x$

11. 利用样条函数定义

12. $a=0.9726045$　$b=0.0500351$　$\|\delta\|_2=0.1226$

第6章

1. (1) 2 次　(2) 3 次

2. (1) $A=C=\frac{1}{6}$　$B=\frac{2}{3}$　$x_1=\frac{1}{2}$　3 次

   (2) $A_0=A_2=\frac{2}{3}$　$A_1=-\frac{1}{3}$　3 次

   (3) $A_0=A_2=\frac{h}{3}$　$A_1=\frac{4}{3}h$　3 次

   (4) $A_0=\frac{1}{2}h$　$A_1=\frac{3}{2}h$　$x_1=\frac{1}{3}h$　2 次

3. $T_8=0.11140$　$S_4=0.1115724$

4. $s\approx0.63233$　误差 $|R_2(f)|\leqslant 3.5\times10^{-4}$

5. 12 等分　用梯形公式要 255 等分

6. 0.713271

8. (1) 2.399529　(2) 0.718252

9. $\alpha=\pm\sqrt{\frac{12}{5}}$ $A=C=\frac{10}{9}$ $B=\frac{16}{9}$ 5 次 为 Gauss 公式

10. $x_0=\frac{1}{7}\left(3-2\sqrt{\frac{6}{5}}\right)$ $x_1=\frac{1}{7}\left(3+2\sqrt{\frac{6}{5}}\right)$

$A_0=1+\frac{1}{3}\sqrt{\frac{5}{6}}$ $A_1=1-\frac{1}{3}\sqrt{\frac{5}{6}}$

第 7 章

1. 由定理 7.1 确定
2. $y_1=0$ $y_2=0.0010$ $y_3=0.0050$
3. 改进 Euler 法 $y_5=0.14500$ 梯形法 $y_5=0.14373$
4. 0.457204,0.742985
6. $y(1)\approx y_5=7.99601$
7. (1) $0<h\leqslant 0.02$ (2) $0<h<\infty$ (3) $0<h\leqslant 0.02785$
8. $a=\frac{3}{2}$ $b=-\frac{1}{2}$
9. $\alpha=\frac{1}{2}$ $\beta_0=\frac{7}{4}$ $\beta_1=-\frac{1}{4}$ $T_{n+1}=\frac{3}{8}h^3y'''(x_n)$

参考文献

[1] 李庆扬,数值分析基础教程.北京：高等教育出版社,2001

[2] 李庆扬,王能超,易大义.数值分析(第4版).北京：清华大学出版社,2001

[3] 白峰杉.数值计算引论.北京：高等教育出版社,2004

[4] 王能超.计算方法简明教程.北京：高等教育出版社,2004

[5] 李庆扬,关治,白峰杉.数值计算原理.北京：清华大学出版社,2000

[6] 李庆扬,莫孜中,祁力群.非线性方程组数值解法.北京：科学出版社,1987

[7] 清华大学、北京大学计算方法编写组.计算方法.北京：科学出版社,1974

[8] Stewart G W 著,王国荣译.矩阵计算引论.上海：上海科学技术出版社,1980

[9] J. J. Dongarra et al.. LINPACK User's Guide. SIAM,Philadelphia,1979

[10] E. Anderson et al.. LAPACK User's Guide, second ed.. SIAM. Philadelphia,1995

[11] Varga R S 著,蒋尔雄译.矩阵迭代分析.上海：上海科学技术出版社,1966

[12] Hageman L A, Young D M 著,蔡大用等译.实用迭代法.北京：清华大学出版社,1981

[13] Nürnberger G. Approximationly Spline Functions. Berlin：Spring-Verlag,1989

[14] 裴鹿成,张孝泽.蒙的卡罗方法及其在粒子输运问题中的应用.北京：科学出版社,1980

[15] Davis P J, Rabinowitz P 著,冯振兴等译.数值积分法.北京：高等教育出版社,1986

[16] 李庆扬.常微分方程数值解法(刚性问题与边值问题).北京：高等教育出版社,1992

[17] 袁兆鼎,费景高,刘德贵.刚性常微分方程初值问题的数值解法.北京：科学出版社,1987

[18] 李庆扬.数值分析复习与考试指导.北京：高等教育出版社,2000